汪星人潜能大开发

狗狗驯养指南

Wangxingren Qianneng Dakaifa Gougou Xunyang Zhinan

蓝炯／主编

中国轻工业出版社

图书在版编目（CIP）数据

汪星人潜能大开发：狗狗驯养指南／蓝炯主编．—北京：中国轻工业出版社，2014.10

ISBN 978-7-5019-9820-3

Ⅰ.①汪⋯ Ⅱ.①蓝⋯ Ⅲ.①犬–驯养–教材 Ⅳ.①S829.2

中国版本图书馆CIP数据核字（2014）第140515号

责任编辑：张凌云　　责任终审：劳国强　　封面设计：奇文云海

版式设计：锋尚设计　　责任校对：燕　杰　　责任监印：吴京一

出版发行：中国轻工业出版社（北京东长安街6号，邮编：100740）

印　　刷：北京君升印刷有限公司

经　　销：各地新华书店

版　　次：2014年10月第1版第1次印刷

开　　本：710×1000　1/16　　印张：15.75

字　　数：300千字

书　　号：ISBN 978-7-5019-9820-3　　定价：39.80元

邮购电话：010-65241695　传真：65128352

发行电话：010-85119835　85119793　传真：85113293

网　　址：http：//www.chlip.com.cn

Email：club@chlip.com.cn

如发现图书残缺请直接与我社邮购联系调换

140358S8X101ZBW

前言

Doddy的故事

我养的第一只狗是白色的京叭，叫Doddy。Doddy两个月左右来到我大姐家，像个小雪球似的，可爱极了。但很快，在它七八个月大的时候，就因为咬人而被“遣送”到了我家。那时我完全不懂养狗，更没有想到过要去看书，因此也没有给过Doddy任何教育。虽然总体来说Doddy还算听话，但在它的一生中，还是有许多问题。

它咬过我们家所有的人，而且下嘴都挺重，口口见血。虽然它咬人都是有理由的：有时是因为我们去收它吃剩的饭碗；有时是因为我们去收拾它不玩的玩具；有时是因为我们看着它睡觉的样子很可爱，去摸一摸，结果惊扰了它的美梦；还有一次是因为它看上了一只发情的苏牧，我强行把它们分开。

此外，它还不喜欢跟我们人类有亲密接触：它不喜欢洗脚；不喜欢梳头；它也不喜欢剪头发；它还不喜欢被人抱。每次在给它做这些事情的时候，都像是一场战斗。

Doddy从不在家里大小便。整整13年，无论刮风下雨，我都得带它出门大小便。每天早上，因为心疼它已经憋了一夜，我常常来不及吃早餐，甚至来不及梳洗，就赶紧带它出门。晚上有时候在外面有应酬，我也总是心不在焉，回到家第一件事就是带已经憋了一整天的Doddy出去方便。虽然我很爱它，但说实话，遛狗对我来说更多的是一种沉重的责任，而不是愉快的享受。

Doddy还很挑食。因为我一整天都不在家，所以总是在上班前就给它放一大堆狗粮，以免让它饿着。但实际上每次我回家的时候，狗粮基本上不见少。晚饭是我们自制的，但必须经常换花样。如果同样的饭菜给它吃了超过三顿，它就开始拒食。

Doddy还很爱“管闲事”。它会对经过我家院子的每一个陌生人狂叫不止。

到现在我才知道，其实关于Doddy的所有这些问题都是可以预防和纠正的。关键是家长要掌握相关的知识。如果时光可以倒流，我一定会做一名合格的狗妈妈，让Doddy生活得更幸福，也让Doddy和我之间的关系变得更和谐。

我能了解这些知识，都是因为留下。

留下是我在2010年10月1日晚上捡回来的流浪狗。它是博美和京叭的混血，大约只有6个月大。

留下刚来的时候，胆小而听话。

它什么都怕：怕生人，怕狗，怕车。只要一有风吹草动，它就立刻跑到我身边寻求保护。我根本不用担心没系牵引绳的它会跑丢。无论跑得多远，只要我喊一声它的名字，它就会马上向我奔来。当然它一般也不会跑远，总是在我身边转悠。

那时候它如果在草地上捡到了骨头之类的“垃圾”，我只要一叫，它就会立即回到我身边，乖乖地任由我从它的嘴里拿走骨头，扔进垃圾桶。

但是这样一个“小乖乖”很快就变成了一个“小捣蛋”。

首先是我每次下班回来就看到满屋的狼藉：客厅的地板上到处是我的鞋子，还有满地的垃圾，显然是从厨房的垃圾筐里搬过来的！

留下还自己发明了玩拖鞋的游戏，经常咬着我的一只拖鞋，把它甩来甩去，还发出“呼呼”的声音。有时我看着觉得有趣，就把拖鞋拿来，扔到远处，它会立刻像一支箭似的射出去，瞬间叼着鞋子又回到我面前，让我再扔。然后再拣，再扔，乐此不疲。但是这种拖鞋游戏造成的直接后果就是，早晨起床后，我常常不得不跳着一只脚，从床底下或者客厅里再找出另一只拖鞋。

如果说玩鞋子还让我觉得有点好玩的话，那翻垃圾可太让人讨厌了。为了防止留下去淘垃圾，我不得不进出厨房“随手关门”。但只要有哪次忘了关门，小家伙就会以迅雷不及掩耳之势，冲进厨房，目标直接对准垃圾筐，把小头埋进垃圾堆，一阵翻拣。如果幸运地找到一根骨头什么的，就会立即叼着战利品逃离现场，躲到小房间去美美地享用。

小留下不知从什么时候起开始对餐巾纸、卫生纸情有独钟。只要被它偷到一张，它就会如获至宝，安安静静地趴在那里又撕又咬，玩上半天。有时早上我还睡眼蒙眬，而小家伙已经开始吵闹时，我就会顺手从床头抽一张餐巾纸扔给它，换来几分钟的“回笼觉”。但是很快，在一张餐巾纸不够玩的时候，它就会自己到厕所的垃圾桶里去捡用过的卫生纸来玩。那段时间，一不留神，家里的地板上就会出现被它从厕所里偷出来的卫生纸。

另外它还多了个装聋作哑、不肯回来的毛病。那个只要我轻轻叫一声就立即回到身边的小乖乖不见了，变成了一个我喊无数遍也不回家的小坏蛋。

有一天留下和几只小狗一起在草地上玩追逐的游戏，玩得不亦乐乎。可能是太热口渴了，它忽然间就冲到旁边的小河想去喝水。因为那里是个斜坡，都是不明深浅的淤泥，我担心它会一失足掉进水里，吓得一边不顾一切地朝它冲去，一边尖叫：“留下，回来！”没想到它看到我过去，却立刻发疯似地往下一个河岸冲去。我吓得大叫，但却根本抓不住它。在追逐了无数回合，叫到嗓子发哑后，我终于抓住了它。那时候的我，一方面因为惊吓，另一方面又觉得它如此不听话，让我颜面尽失，于是气急败坏地对它一顿痛打。这是我第一次打它，也是最后一次。

回到家冷静下来后，我决定买点驯狗的书来看。我买的第一本书叫做《狗狗心事——它和你想得大不一样》(*The Dog Listener*)，是英国的一位驯犬大师简·费奈尔写的。这是一本让我和留下都会感激一辈子的书。因为它，留下刚形成的这几个坏习惯很快得以纠正。

看了这本书，我感觉很惭愧。以前养Doddy养了13年，原来我从来也没有真正去了解过Doddy是怎么想的，原来Doddy咬自己家里的人、对着所有的陌生人狂叫、挑食等“坏毛病”都是我自己的错误造成的。而留下最近表现出来的出门就“选择性失聪”，在家里“搞破坏”等坏毛病也是我给惯的。

后来我运用书中的理论来教育留下，“小捣蛋”终于又变成了有礼貌、有教养的“小乖乖”。

但是，留下还是有一些不足之处。

最主要的有两点：第一是它的性格很“孤僻”。它喜欢跟人玩，不喜欢跟狗玩。在整个小区里，它只有两个好朋友——“丰儿”和“西西”，都是它刚来的时候认识的。别的狗只要一接近它，它就开始凶。第二就是它下嘴很重。有一次外婆用手捏着它最喜欢吃的牛肉干喂它，急于吃到牛肉干的留下不小心咬到了外婆的手指甲，结果被咬到的指甲淤血了几个月才好。

刚开始我以为留下生来就是这样的性格，无法改变，而咬了外婆，也是情有可原。后来看了琼·唐纳森（Jean Donaldson）的*The Culture Clash*和邓巴博士（Dr.Ian Dunbar）的*After You Get Your Puppy*等书后，才知道这些其实都是可以通过早期教育预防的。和简·费奈尔的《狗狗的心事——它和你想得大不一样》以及美国国家地理频道热播的西泽·米兰（Cesar Millan）的《报告狗班长》不同的是，简·费奈尔和西泽·米兰都是运用“首领理论”，让狗主人用狗的方法来驾驭狗，而琼·唐纳森和邓巴博士则更侧重于在幼犬刚刚踏入人类社会的时候，就教会它们如何适应人类社会的规则。对幼犬进行早期教育比纠正成年犬已经养成的坏习惯要容易得多。幸运的是，我后来有机会在瓯元身上实践了琼·唐纳森和邓巴博士关于幼犬早期教育的一些重要理论。

瓯元的故事

瓯元是我姐姐家的混血黑贵宾。8个月大时，被送到我家来接受教育。我设计了一套"幼犬培训课程"，着眼于"素质教育"，对瓯元进行了为期2个月的系统培训，重点进行了"社会化"以及"咬力控制"的培训。这两个项目正是留下所缺乏，而且很难进行弥补的。因为狗狗有一个"社会化"以及"咬力控制"的"窗口期"，过了这个时期，"窗口"就会关闭，就很难再进行培训了。而没有经过这两个项目训练的狗狗，就会像留下一样性格孤僻，甚至容易有攻击性，受到刺激时下嘴比较重，容易咬伤人。

毕业后的瓯元，一改以前胆小害怕的模样，性格活泼开朗，跟任何狗狗都能玩到一起，见到生人也不轻易吠叫，和培训前"判若两狗"。

但是，因为瓯元来接受培训的时候已经8个月大了，有些坏习惯已经养成。在培训的过程中，我不得不花费大量的时间和精力来进行纠正。

幼犬的教育最好从狗狗来到家里的第一天就开始，那样对狗狗和主人都会轻松得多。

正如西泽·米兰几乎在每一集的节目中都会强调的，要改变狗狗的行为，最重要的是先改变主人的行为。在我们发现自家的狗狗有一些坏毛病时，要首先想到是主人自己什么样的行为导致了狗狗这种坏毛病的形成。

在我养狗和驯狗的过程中，我发现，很多狗主人因为不懂狗，只是一味地用人类自己的方式去宠爱狗狗，结果造成狗狗的很多行为问题，最终给爱它的主人带去很多麻烦，甚至会有主人因此而将狗狗弃养，甚至安乐死。

因此，我决定把自己从国外大量驯犬书籍中获得的知识，以及从自己多年养狗驯狗经历中得到的经验写下来。希望这本书能帮助那些准备养狗，或者刚开始养狗的人们从小教育狗宝宝遵守人类社会的规则；同时也能帮助那些已经养成了各种坏习惯的狗狗纠正它们的行为，从而让狗狗能跟主人和谐相处，并且避免它们成年后会给主人带去的各种麻烦，也避免它们自己因为咬人、搞破坏等问题而被遗弃或处死。

记住：主人的行为造就狗狗的行为！爱它，就要懂它，教育它！

作者自述

我从小喜欢各种小动物。小时候常做的白日梦就是被外星人抓去，回来后就会说各种动物的语言。

我有长达17年的宠物饲养经验，先后收养过六只猫，两只半狗，是个标准的“狗妈妈”和“猫妈妈”。第一只狗是从我姐姐那里领养来的京叭“Doddy”，它13岁时因病离世。第二只狗是在地铁站口捡到的流浪狗——京叭和博美的串串“留下”，目前4岁。另外“半只”狗是替朋友代养了半年的金毛“Duke”。这17年间，我认识了无数的狗朋友，也在家里寄养和培训过不少狗狗。

在养Doddy和Duke的13年间，我和大多数宠物狗主人一样，不懂狗，也没有给它们任何教育，却因此总结出了宠物狗主人常犯的各种错误，也见识了没有受过教育的狗狗会有的各种坏习惯，当然，更加了解了有坏习惯的狗狗会给主人带来的烦恼。

自从留下到来之后，我阅读了大量国内外经典的驯犬专业书籍，并在留下的身上进行实践。我还自学成才，开始作为独立驯犬师对宠物狗进行培训。

我喜欢并擅长对宠物进行行为纠正。印象最深的是训练一只会攻击陌生人的金毛“噜噜”。才1岁大的噜噜在主人面前天真可爱，在陌生人面前却因为害怕而变得非常具有攻击性。主人曾一度担心会因此而不得不将其安乐死。训练成功后，噜噜的主人在我的博客上留言说：“自从噜噜第一次攻击人后心里就一直郁结难解。多亏了您，千言万语也只能说一声感谢了！”这给了我莫大的鼓励，也更让我明白了做宠物犬行为训练的社会意义。

我发现自己童年时的白日梦正在渐渐变成现实：我开始能听懂犬类的语言，知道如何跟它们进行沟通。当看到很多狗主人跟我当年养Doddy时一样，因为不懂如何跟狗狗沟通，而造成狗狗的各种行为问题时，我坚定了自己后半生的职业梦想：

做一名优秀的驯犬师，成为人类和犬类之间的沟通桥梁，帮助狗狗和它们的主人进行有效沟通；用文字传播驯犬的知识，让更多的狗主人懂得如何教育自己的狗宝贝，从而使它们在都市里能跟人类和谐相处，摆脱被遗弃、被处死的厄运。

我前半生的职业和宠物无关，做过翻译、行政、人力资源管理和总经理。但是这些工作经历让我有能力阅读大量外文原版的驯犬专业书籍，再将我自己的养狗经验和这些驯犬理论相结合，归纳整理，写成这本书，让更多和我一样爱狗的人能够学会如何教育自己的狗宝贝。

致谢

感谢好友彭峰和冉冉，是你们的鼓励才让我有勇气把自己在驯狗方面的心得写成现在呈现在你们面前的这本书。

感谢留下，是你对我无条件的信任和依恋，让我开始认真探索狗狗的世界，真正开始了解了已经陪伴人类15000多年的最忠实的朋友。

感谢我的姐姐蓝岚和她的狗狗瓯元，是你们对我的信任，让我有机会补上了留下所缺失的，幼犬教育中最重要的素质教育部分。

感谢在本书问世过程中给与过大力帮助的朋友们——金雅敏女士、徐先生和陈先生，特别感谢我的编辑张凌云女士。你们让这本书的出版变成了现实。

感谢我的好友孔女士和项敏女士、江涛先生和方石明先生，以及上海的好伙伴，驯犬寄养中心的主理人兼首席驯犬师Tony先生，感谢你们在这本书出版之前就愿意花时间阅读，给我宝贵的肯定，以及真诚的修改意见，让它能以较完美的状态面世。

感谢本书的插图模特：我的外甥蓝瓯洋和他的狗“弟弟”们——瓯元和瓯弟；好友孔女士和她的狗狗丰儿；章女士和她的狗狗莉莉以及贺女士和她的狗狗柚柚。感谢我的摄影师张毅和汤曙先生以及本书的插图作者周逊安先生。谢谢你们花费这么多时间和精力为我无偿地提供帮助！你们的工作让这本书更加精彩！

最后，感谢我的爱人席斌，能够容忍我花费那么多的时间和精力在狗狗的身上，能够接受留下，让它成为我们的家庭成员！

导读

这是一本以从“为什么”到“怎么样”的方式来介绍如何对狗狗进行“素质教育”的驯犬指南，重点在于指导家长如何预防及纠正狗狗的各种行为问题。

除驯犬的基本原理外，在告诉您“怎么样”解决问题前，我都会先分析“为什么”会产生这个问题。同时还用了丰富的实例来帮助理解，并增加阅读的趣味性。书中所列举的都是狗狗的一些常见行为问题，不可能穷尽所有狗狗的所有问题。但是，如果您能理解狗狗“为什么”会产生行为问题，就可根据实际情况，找到适合的解决方案。

本书共分为11章，涵盖了宠物犬行为训练所需要的各种基础知识。包括：

① 为什么要对宠物犬进行训练以及驯犬的基本原理和方法；

② 完美狗宝贝的基础——素质教育，包括居家礼仪、社交能力及咬力控制训练；

③ 坏习惯的预防及纠正；

④ 基础技能训练；

⑤ 其他控制狗狗行为的重要相关知识，包括如何做狗狗的首领，如何给狗狗吃饭，如何带狗狗散步，如何为狗狗量身定做互动游戏，如何解决狗狗交配的问题及打架的问题。

其中“第一章”和“第二章”分别介绍了为什么要驯犬及驯犬的基本原理和方法。在您开始看其他篇章前，最好先浏览一下这两章，以便了解驯犬的基础知识。如果觉得有些枯燥，难以消化，也没关系，因为我们在后面会反复用到这两章中讲到的知识。

如果您正准备或者刚开始养一只幼犬：

那么您可先阅读“第三章——素质教育”，“第五章——坏习惯的预防及纠正”，“第七章——如何给狗狗吃饭”和“第八章——如何带狗狗散步”，会有助于预防狗狗养成各种坏习惯。

如果您的狗狗已经跟您相处了较长一段时间，而且已经养成了一些坏习惯：

那么您可以先阅读“第四章——如何做狗狗的首领”及“第五章——坏习惯的预防及纠正”。

如果您的狗狗已经进入青春期（7～8个月）：

那么您需要赶紧了解一下“第十章——发情期的问题”及“第十一章——打架了”。

如果这本书能够对您和您的狗狗有所帮助，让你们相处得更和谐，更幸福，那将会是最令我感到高兴的事！祝您阅读愉快！

目录

第四章　如何做狗狗的首领 / 79

第五章　坏习惯的预防及纠正 / 92

第九章　互动游戏 / 211

第十章　发情期的问题 / 222

第十一章　打架了 / 226

结束语 / 248

附录：参考及推荐书目 / 249

第一章 为什么要对狗狗进行训练

第一节 你是这样和狗宝宝相处的吗？

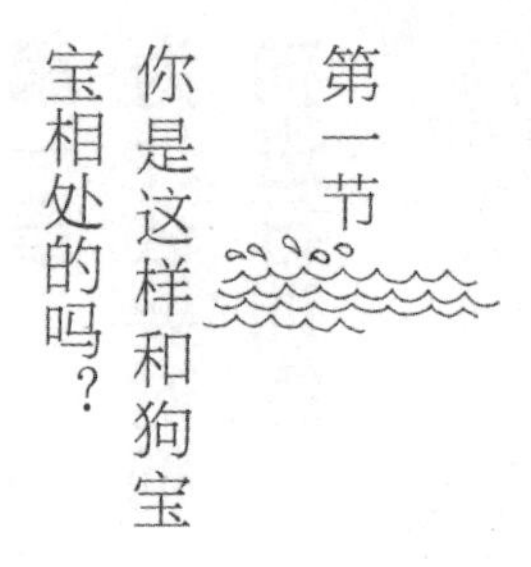

在前言的最后一段，我曾提到：主人的行为造就狗狗的行为。下面我罗列了一些常见的主人对待幼犬的行为及由此会导致的狗狗的行为。请您对照一下自己是否这样对待过自家的狗宝宝，以及你家的狗宝宝是否已经出现表中所列的行为。

主人在幼犬刚到家时期的行为		狗狗长大后的行为*
自由度	任由它在所有的房间自由活动。	随处大小便，啃咬家具、衣物等，偷吃食物。
玩具	没有准备狗狗的玩具，或者玩具的品种和数量很少。	啃咬家具、衣物等。
主人陪伴的时间	每天大部分时间都和狗狗在一起。	主人离开较长时间时会不停地吠叫、哀鸣，或者刨门，啃咬家具、衣物等。
社交	很少带狗狗出门，几乎不接触别的狗狗， 除了家人之外很少接触陌生人。	不喜欢和别的狗玩，见到别的狗就逃跑，或者吠叫，甚至攻击。见到陌生人就逃跑、吠叫甚至攻击。
召唤	把狗狗召唤到主人身边后没有任何奖励，甚至叫过来后打骂，或者立即系上牵引绳回家。	不听主人召唤。
喂食	把充足的食物放在狗狗面前后任由其取食，吃剩的食物也放在原处等它想吃的时候就可以吃。	护食，甚至护自己的玩具、座位、主人等，在别人包括主人企图占有这些资源时产生攻击行为；挑食。
主人用餐时	从桌边给狗狗喂食。	主人就餐时在桌边乞食。
主人吃零食时	和狗狗分享。	装零食的塑料袋一响，立即到主人身边来乞食。

续表

	主人在幼犬刚到家时期的行为	狗狗长大后的行为*
主人在沙发或床上时	邀请狗狗或者把狗狗抱上沙发或床。	狗狗自己主动跳上沙发或者床休息。
问候仪式	主人回家时狗狗扑到身上表示欢迎，主人热情回应。	任何时候见到任何人都会扑到人的身上，无论对方是否喜欢。
开门时	狗狗在一开门时就激动地冲到门外，主人不加以纠正，而且跟在后面出门。	每次开门的时候必须很小心，不然狗狗会立即冲出门去。
出门散步	从不佩戴（或者极少佩戴）项圈和牵引绳。 拿着项圈/牵引绳去追赶狗狗，抓住它后强行戴上牵引装备。	在佩戴项圈和牵引绳时极度不配合，能逃则逃。

*“狗狗长大后的行为”并非指狗狗成年后才会表现出来的行为，有时候，甚至只要一两个星期，“小天使”就会变成“小恶魔”了！

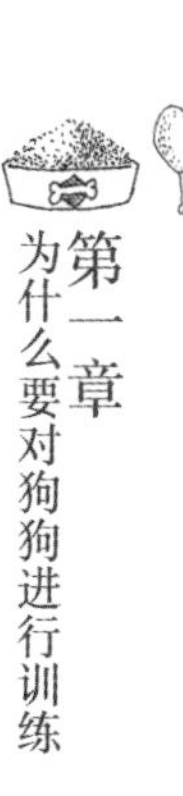

第二节 为什么说这些是狗狗的坏习惯？

一般来说，上述列表中狗狗的行为都属于“坏习惯”之列。但这只是相对而言。因为单单对于狗狗来说，其实并没有好坏行为之分，这些都是它们自然的行为。但是，由于它们现在来到了我们的人类社会，跟我们同住在一个屋檐下，所以，凡是那些主人不能接受，或者会影响主人生活的行为就被我们称为“坏习惯”了。

例如扑人的行为。

这本来是狗狗从它们的祖先狼那里遗传来的问候仪式。它们见面时用相互嗅对方的吻部作为熟人之间的问候，而低等级的狼更是以舔头狼的吻部表示尊敬。因为要嗅到或者舔到我们人类的吻部——嘴巴，必须站直身体才能够到，所以狗狗很自然地就会以扑人的动作来表示问候。如果主人能够接受甚至非常喜欢这样的问候仪式，那么这就不成为坏习惯了。但在你决定鼓励这样的行为之前，请慎重考虑在以下情景下，你是否仍然能够接受这样的行为，尤其是如果你养的是一只大型犬的时候：当你双手拿着从超市买来的物品回家时，狗狗热情洋溢地扑到你的身上，把鸡蛋打碎了一地；当你穿着质地考究的衣服赴宴回家，扑到你身上的狗狗一脸无辜地把衣服抓坏了；当你和狗狗散步时遇上了一位颤颤巍巍的老太太，热情的狗狗照样扑了过去，把老太太吓得跌坐在了地上；当你有怕狗的朋友来访时，你家的狗狗还是直接往朋友身上扑……

又例如上床的行为。

这个行为本身也无所谓对错。我个人就很喜欢留下和瓯元睡在我的床上。尤其是天冷的时候，有这么个毛茸茸的“恒温热水袋”在身边睡觉，真是很舒服的事。但是，如果你也跟我一样喜欢让狗狗上床睡觉的话，你至少得事先考虑好以下几件事：1. 你的家人是否也同意狗狗上床睡觉；2. 你能否坚持每天都耐心地清洁家里的地面（所有角落，包括床底下和马桶后面）以及狗狗的身体，以保持床上的清洁；3. 你是否能忍受床上不可避免会出现的狗毛。

此外，很多人在刚养小狗的时候，并不觉得狗宝宝的某种行为是“坏习惯”，因此无意中就用自己的行为强化了狗狗的这种行为。等到有朝一日狗宝宝进入青春期或者成年的时候，才忽然发现自家的狗狗已经不知从什么时候起养成了“坏习惯”。最典型的就是大型犬的“扑人”。当大型犬还是小宝宝的时候，它扑到人身上表示问候的方式一般都会让主人觉得非常可爱，于是主人无意识地鼓励了这种行为。等到小宝宝突然长大了，再扑人就会带来很多麻烦时，才觉得“扑人”是个坏习惯。而这时如果因为狗狗扑人去惩罚它，不但对它很不公平，而且会让它很困惑：主人原来都很喜欢我扑它，为什么现在要惩罚我了呢？这样纠正起来当然就更得花些工夫了！

因此，所谓“坏习惯”就是狗狗的那些不能被主人**在所有的时间**所接受的，以及不能被狗狗会接触到的**所有人**所接受的行为。当主人在决定接受狗狗的某种行为的时候，一定要考虑到这两种因素。

第三节 驯犬的重要性

幸运的是，狗狗的所谓“坏习惯”通过训练都是可以预防和纠正的。

关键是，作为主人，我们应当尽早通过训练让狗狗了解并遵守我们人类希望它们遵守的一些规则。这是宠物狗训练中最为重要的。我把这部分训练称为“素质教育”。

我常常说“上过学”和“没有上过学”的狗狗一眼就能看出来，就是因为接受过“素质教育”的狗狗在举手投足之间就会表现出“文明”的素质来，而从未接受过教育的狗狗则会不分场合地表现自己的动物天性。

我曾经碰到过一些崇尚“放养”方式的狗主人，他们认为对狗狗进行训练，要求它们出门一定要系牵引绳，不能扑人等是对狗狗自由和天性的扼杀。但是，这类狗主人忘记了非常重要的一点：现在宠物犬的生存环境并不是丛林，而是和我们人类处在同一个屋檐下。具有地球上最高智慧的我们把它们带入人类社会，却不去教它们如何遵守人类的规则，反而在它们违反规则的时候对它们打骂、遗弃，甚至处死，这对忠心耿耿陪伴我们15000多年的犬类来说是极大的不负责任和不公平。我记得以前曾有过一些“狼孩”的报道。人类的孩子从小被狼抚育长大，学习的都是狼群的生存法则。等他们回到人类社会来，就和这个社会格格不入了。但是我们并没有因此就去责怪“狼孩”，因为我们知道在他小的时候从未学习过人类社会的生存法则。我们人类自己的孩子尚且需要通过教育才能融入社会，更何况是比我们低等的另一种生物——犬类呢？

通过学习，狗狗这种聪明的动物还能学会很多“技能”，最简单的如“坐下”“握手”“躺下”等。我把这部分训练称为“技能训练”。技能训练虽不如素质训练重要，但却可以给狗狗和我们的生活增添许多乐趣。而且，有些服从性的技能例如“坐下”“别动”“过来”等还是对狗狗进行“素质教育”的重要工具。

总的来说，驯犬就是用狗狗能够理解的方式，而不是我们自己的语言和方式，和狗狗进行沟通，从而教会狗狗遵守人类社会的一些规则，并教会它们根据主人的指令完成各种动作。

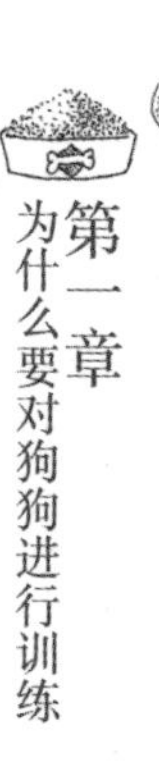

第二章 驯犬的基本原理和方法

第一节 基本原理

所谓驯犬，就是让狗狗学习的一个过程。但是，正如琼·唐纳森在*The Culture Clash*一书中曾揭示的关于狗狗的十大真相之一：狗狗的大脑只有柠檬那么大，它们不会进行逻辑思维，它们听不懂人类的语言。那么它们是如何学习的呢？

和所有的动物一样，狗狗主要通过以下三种方式学习：

第一，经典条件反射；

第二，操作条件反射；

第三，孤立事件学习。

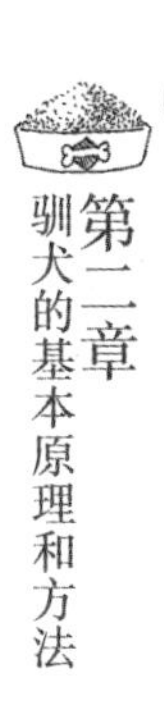

1. 经典条件反射，就是我们所熟知的巴甫洛夫条件反射

俄国生理学家巴甫洛夫发现，当饥饿的狗看见食物时，会不由自主地流口水。后来他开始在每次给狗狗提供食物前增加铃声等各种本来不会引起狗狗流口水的刺激。结果过了一段时间后，狗狗一听到铃声，即使没有看见食物，也会开始流口水了，就像它们看见食物所作出的反应一样！

在这里，**食物**是一种**非条件刺激**。狗**看见食物流口水**的本能反应，叫做**非条件反射**。而铃声本来是一种中性的刺激，不会引起流口水这种反应。但通过多次重复先让狗听到铃声，然后立即提供食物的过程，就在狗的大脑里建立了铃声和食物之间的联系，所以当狗一听到铃声，即使没有看见食物，也会产生和看见食物时相同的反应——流口水。这时候，铃声就成为一种**条件刺激**，而**听见铃声流口水**的反应就被称为**条件**

反射。

经典条件反射在驯犬中的应用最主要就是让狗能对人类的口令产生反应。

例如当驯犬师手拿食物在狗狗的眼前上方的位置逐渐向脑后头顶移动的时候，狗狗为了看见食物会不由自主地由站姿变成坐姿。如果驯犬师每次先发出“坐下”的口令，然后立即拿出食物诱导狗狗坐下，重复几次之后，即使不看见食物，听到“坐下”的口令，狗狗也能立即做出坐下的反应。在这个例子中，**食物是非条件刺激**，看见食物坐下是非条件反射。经过训练之后，**“坐下”这个口令**就成为和食物相关联的**条件刺激，听见“坐下”的口令就坐下**的反应就是**条件反射**。

还有一个典型的例子就是每次在给狗狗食物奖励之前，先进行口头表扬“小乖乖”。这样以后只要听到“小乖乖”，即使没有食物奖励，狗狗也会产生和得到食物奖励相同的愉快反应。在这个例子中，**食物是非条件刺激，得到食物产生愉快的反应是非条件反射**。经过训练之后，**“小乖乖”这个口令**就成为和食物相关联的**条件刺激，听见“小乖乖”的口令产生愉快的反应**就是**条件反射**。

在运用经典条件反射的原理驯犬时，最重要的是要注意非条件刺激要紧随条件刺激之后，条件刺激和非条件刺激最好有一段重叠的时间，这样才能迅速而牢固地建立起条件刺激和非条件刺激之间的联系。只有建立起了两者之间的联系，原本中性的刺激才能成为条件刺激，引起条件反射。

我在2013年4月收养了5只才十几天大的孤儿猫。在给小猫喂食的时候，我总是先吹一下口哨，然后在口哨声中把食物放在它们面前，等它们吃了几秒钟后再停止口哨。结果只经过了4次，无论身处何方，小猫们只要一听见我的口哨声就迅速集合在它们的饭桌上等待开饭，可爱极了！你现在能说出在这个案例中的条件刺激和条件反射分别是什么吗？对了！口哨声就是条件刺激。小猫们听见口哨立即到饭桌上集合的行为就是条件反射！

简单来说，**通过经典条件反射狗狗可以学会在接收到条件刺激的时候，就预测到即将发生的事情。**狗狗听见“坐下”的时候，预测到主人会拿出食物来，所以做出了和看见食物一样的反应。狗狗在听见“小乖乖”的时候，预测到自己马上会得到食物奖励，所以产生了和得到食物奖励相同的愉快反应。小猫在听见口哨声的时候，预测到马上要开饭了，所以产生了和开饭时相同的反应。很多狗主人觉得自家的狗“很聪明”，只要一看见主人拿起牵引绳，就高兴得乱蹦乱跳，好像知道主人马上就会带自己去散步。这其实也是一个典型的条件反射的例子。

2. 操作条件反射，也称为斯金纳条件反射

美国当代心理学家B.F. 斯金纳（B.F. Skinner）认为，如果一个操作发生后，紧接着给一个强化刺激，那么其强度就会增加。**所谓操作条件反射就**是指我们做了某件事情就一定会产生某种后果，而通过这种后果，动物会学习到自己的行为和后果之间的关系。如果后果是令人愉快的，则先前的行为再次发生的可能性就会增加；如果后果是令人不愉快的，则先前的行为再次发生的可能性就会减小。

在操作后果中，一共会有四种情况，其中两种情况会使行为重复发生的可能性增加，而另外两种情况则会使行为重复发生的可能性减小。

使行为重复发生的可能性增加的两种情况都是对先前行为的强化。

一种叫做**正向强化**。

正向强化是指当狗狗做出某种反应后使其得到一种好的后果。**简而言之，就是让好事开始**。例如在训练狗狗定点大小便时，每次狗狗在规定地点大小便后，立即给予零食奖励。这样就会提高下次狗狗在该地点大小便的可能性。正向强化也同样适用于人类：小孩子帮妈妈做了家务，就得到零用钱，以后小孩子做家务的积极性就会提高；员工工作认真，被评为先进，以后员工会更认真工作。

另一种叫做**负向强化**。

负向强化是指当狗狗做出某种反应后使其免除某种坏的后果。**简而言之，就是让坏事结束**。例如在传统驯犬中所运用的带齿项圈。项圈上的针齿会刺痛狗狗的颈部，而当狗狗按照口令做出训练员期望的动作时，项圈就会放松，疼痛消除。人类运用负向强化的例子有：楼下的人

用拖把柄敲打天花板来抗议楼上发出的噪声，噪声消失就停止敲打。服刑的犯人如果表现好，可以获得减刑。

而使行为重复发生的可能性减小的两种情况都是对先前行为的惩罚。

一种叫做**正向惩罚**。

正向惩罚是指当狗狗做出某种反应时使其得到一种坏的后果。**简而言之，就是让坏事开始。**例如狗狗没有在指定地点大小便，主人用报纸卷成筒状打狗狗。这样会减小下次狗狗在该地点大小便的可能性。又例如在传统驯犬中所运用的P字链。当狗狗往前冲时，链条自动收紧，勒痛狗狗的喉部，从而减少下次狗狗往前冲的可能性。人类似乎最喜欢用正向惩罚：小孩子不听话，妈妈就打孩子；员工违反规章制度，就被警告处分；驾驶员闯红灯，交警就过来开罚单。

另一种叫做**负向惩罚**。

负向惩罚是指当狗狗做出某种反应后取消某种好的后果。**简而言之，就是让好事结束。**例如你在命令狗狗“坐下”的时候，它没有坐下，而是扑上来想要抢你手中的零食，你就取消本来要给它的零食。这样下次它再扑上来抢零食的可能性就会减小。人类运用负向惩罚的例子有：小孩子不听话，晚上就取消看动画片的权利；员工工作不努力，就被扣发年终奖。

强化用于我们希望狗狗做出某种行为的时候。而正向强化的训练方法对狗狗来说不但没有痛苦，而且会非常愉快，真正是“寓教于乐”，效果也非常好，是目前驯犬的流行趋势。我在“素质教育”和“技能训练”里面运用的都是正向强化的方法。

惩罚用于我们不希望狗狗做出某种行为的时候。负向惩罚对狗狗的身体没有伤害，却能起到很好的惩罚效果。本书中所运用的惩罚方法都是负向惩罚。

而负向强化和正向惩罚都是运用体罚的方式，对狗狗的身心会造成很大伤害，已经越来越被人们所淘汰。此外，这两种方法不但见效缓慢，而且运用不当时，很容易遭到狗狗被迫的反抗，造成“狗咬主人”之类的悲剧。

操作条件反射在驯犬中应用最为广泛。总的来说可以分为两大类：

第一是通过强化教会狗狗我们希望它做的各种动作（最普遍的就是在狗狗做出我们所希望的动作之后给予食物奖励）；第二是通过惩罚使狗狗不再做出我们所不希望的行为（最普遍的就是在狗狗做出我们不希望的行为之后取消食物奖励）。

有效强化和惩罚的关键是及时性，也就是在狗狗做出相应的行为之后，立即进行奖励或者惩罚，正所谓“赏不逾时，罚不迁列”，否则有可能会强化或者灭失了错误的行为。例如在我们发出“坐下”的口令之后，狗狗按照口令“坐下”了。但是我们身边没有奖励食品，等我们从厨房去拿了食物出来后，狗狗很有可能已经变成站姿并且盯着食物看。如果这时候我们把食物作为奖励给狗狗的话，其实就是强化了“站着盯着食物看”这个行为。又例如主人下班回家发现狗狗在家里搞了破坏，就把狗狗叫过来打了一顿。但是狗狗并不能理解主人是因为自己搞破坏而发怒（因为没有当场阻止），而是会误认为主人回来，自己听从召唤走到主人身边就要挨揍了。于是第二天主人去上班后，狗狗继续开始搞破坏。而等主人回来后，无论怎么叫，都躲在床下不出来，而主人还以为是狗狗“知错了”。

简单来说，**通过操作条件反射，狗狗可以学到自己的某种行为会带来什么样的后果，从而根据后果的好坏来强化或者灭失该种行为。记住，狗狗总是努力让好事开始，坏事结束；避免好事结束，坏事开始。**如果你能知道什么事情对狗狗来说是好事，什么是坏事，并且能控制这些事情的话，那么恭喜你，你一定能控制狗狗的行为！

3. 孤立事件

所谓**孤立事件**，就是指某件发生的事情（一种刺激）没有和任何其他事情相关联。如果某种刺激不会产生任何后果，动物就会停止对该刺激产生反应。这种现象被称为“学习到的不相关性”。学习到的不相关性对动物来说能提高效率，因为动物应该学会忽略对自己不重要的刺激而把注意力集中在对自己重要的刺激上。

在预防狗狗乞食的训练中，主人如果做到自己吃东西的时候从不跟狗狗分享，狗狗就会学习到主人吃东西和自己的“不相关性”，从而放弃乞食的努力，宁愿到一边去睡觉了。

一个关于“学习到的不相关性”的很普遍的例子就是电话铃声。大部分狗狗会学习到电话铃响跟自己毫不相干。因为电话铃响后从来没有对狗狗产生过任何相关的后果。于是狗狗就学会了自动屏蔽电话铃声，也就是在电话铃响时不作任何反应。

简单来说，**通过孤立事件的学习，狗狗可以学到什么重要什么不重要。**

以上内容理论部分根据帕梅拉·J. 里德博士（Dr.Pamela J.Reid）的 *Excel-Erated Learning*。

第二节 基本工具

现在，您已经对驯犬有了一些基本的了解。在我们正式开始训练您的狗宝宝之前，您还需要做好以下准备工作，我把它们称为驯犬的基本工具。

1. 表扬口令

您需要**按照自己的习惯选择一个单词作为专门的表扬口令**。例如“小乖乖”、“真乖”、“Good boy/girl”等。

这个单词一旦确定，在每次狗狗做出您所希望的行为之后，先用它对狗狗进行口头表扬，再给与食物奖励。在表扬的时候，口气要温柔，要露出高兴的表情，越夸张越好。还记得前一节所讲的条件反射原理吗？对了，我们将建立表扬口令和奖励食品之间的联系，使表扬口令成为一种条件刺激。让狗狗一听见表扬口令就能产生和获得与奖励食品相同的愉快反应。

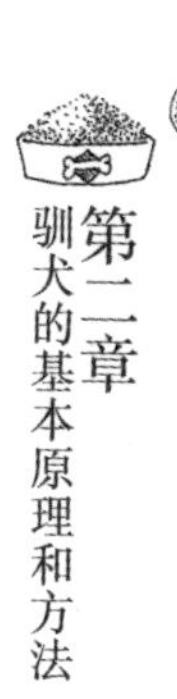

注意：为了尽快建立起表扬口令和奖励食品之间的牢固联系，在刚开始的时候，发出表扬口令之后，应立即进行食物奖励。利用狗狗进食的时候建立这种联系是一个很好的方法。您可以先发出表扬口令，然后把狗狗的食盆放在它面前。在它刚开始进食的时候，继续说上几遍。这样，很快就能建立起表扬口令和食物之间的联系了。

除了表扬口令，建议您同时再加上抚摸的动作。这样，抚摸也能和表扬口令一样成为令狗狗愉快的条件刺激。

2. 正确动作标记

根据操作条件反射的强化原理，我们在对狗狗进行技能训练时，例如让狗狗“坐下”，当狗狗做出我们所希望的动作——“坐下”之后，应立即进行食物奖励（强化的及时性）。

但有时您可能身边正好没有奖励食品，您需要从厨房去拿。或者有时候您在户外，希望强化狗狗在远处做出的一个漂亮的跳跃动作。在这些情况下，您都没有办法对狗狗立即进行食物奖励。

这时就需要建立一个条件刺激作为正确动作的标记。狗狗在接收到这个刺激之后，就知道刚才那个动作稍后将获得奖励。表扬口令和正确动作标记之间的区别在于一个时间差。狗狗在听到表扬口令之后，知道立即会得到食物奖励；而在听到正确动作标记之后，知道过一会儿会得到食物奖励。

我用的正确动作标记是口令“对了！”加上惊喜的表情。狗狗是非常善于读懂人类的表情的！

现在比较流行的响片训练法（click+treat）也是同样的道理。驯犬师在狗狗做对动作的一瞬间按响响片训练器，狗狗听到响声的时候，就知道刚才的那个动作即将获得奖励。响片训练器的好处是，传递给狗狗的信号非常明确，而且即使狗狗在远处做了某个希望的动作也能听见。但我尝试后发现它最大的缺点就是你必须依赖于响片训练器这个工具，在实际生活中，你其实不可能每时每刻都把训练器带在身边，就像你不可能随时都把奖励食物给狗狗一样。所以如果不是进行专业训练的话，我个人还是倾向于用一个不容易和其他口令混淆，且不会轻易在你的日常对话中出现的单词作为家常驯犬的正确动作标记。这样，你就可以随时随地向狗狗发出口令了。

现在，您需要选择一个信号作为“正确动作标记”。

注意，因为建立“正确动作标记”的目的是为了非常及时地向狗狗传递做对动作的信号，所以您所选择的这个信号一定要能随时随地传递给狗狗，所受限制越少越好。除了口令、响片训练器，也可以用口哨、鼓掌等作为“正确动作标记”。

注意，和表扬口令一样，“正确动作标记”也需要和真正的奖励建立起联系才能成为一个条件刺激。建议每次在狗狗做对动作的时候，您都先做一下“正确动作标记”，例如发口令“对了！”，然后再进行奖励。在刚开始建立联系时，发出“对了”和随后的奖励之间要变化时间间隔。例如有时候间隔2秒，有时5秒，有时8秒等。这样狗狗才能理解，在主人说“对了”之后的不确定的时间里会有真正的奖励。

3. 惩罚口令

在前一节里，我们曾讲到用负向惩罚来减少狗狗某种行为的发生次数，也就是用取消原有的食物奖励作为惩罚。比如我们训练狗狗“坐下”，做对了，就给与食物奖励，做错了，就取消食物奖励。这样狗狗很快就能学会在听到“坐下”口令后坐下，而不是做出其他我们所不希望的动作。

但是，和正向强化一样，不是在所有的情况下，我们都有食物作为刺激物。例如我们在带狗狗散步时，突然有一只野猫经过，狗狗立即挣脱绳子前去追猫。我们不希望这种行为发生（追猫是很危险的，因为猫咪被追急了，很有可能一爪子抓伤狗狗的眼睛！），但是怎么才能对狗狗进行有效的惩罚呢（我说的惩罚是指负向惩罚，所以不包括体罚）？这就需要我们有一个惩罚口令了。

和表扬口令一样，我们也需要先建立惩罚口令和真正的惩罚——取消食物奖励之间的联系，才能使它成为一种条件刺激，起到和取消食物奖励相同的条件反射效果。

我用的惩罚口令是“sorry”，和表扬口令相反，说“sorry”的时候语气要严厉，表情要严肃。

可以通过专门的训练来建立惩罚口令和取消食物奖励之间的联系。例如叫狗狗“坐下，别动”，如果狗狗乖乖坐着不动，就给予奖励；如果狗狗动了，就说“sorry”，不给予奖励，然后重新开始“坐下，别动”。注意，因为我们的目的是让狗狗理解惩罚口令，所以我们可以通过延长“别动”的时间，拉长训练者和狗狗之间的距离等办法来“陷害”狗狗，让它“动”，然后进行惩罚。但是，和所有的训练一样，一次训练的时间和次数以狗狗能集中精力为准，而且要奖励和惩罚相结合，如果一直都是惩罚，狗狗会放弃训练。

现在，请为您的狗狗选择一个惩罚口令。

4. 强化物

强化物顾名思义就是能起到对某种行为强化作用的刺激。我们也可以把它简单地理解成奖励。为了便于理解，我在后面的实际应用中也一般都会使用“奖励”这个字眼来代替比较拗口的“强化物”。

强化物分为初级强化物和次级强化物。

所谓初级强化物，就是能直接引起狗狗的兴趣，起到强化其行为作用的非条件刺激。最常见的初级强化物就是零食。

而次级强化物则是指那些原来对狗狗没有意义，不会引起其兴趣，而通过条件反射和初级强化物已经建立联系的条件刺激，例如表扬口令“小乖乖”，正确动作标记口令“对了！”等。

驯犬时**首先特别要注意的是了解哪些属于初级强化物**。简而言之，凡是掌控在主人手中，狗狗想得到的东西（包括活动）都属于初级强化物。例如零食，出门散步的权利，和别的狗狗玩耍的权利，追逐小鸟的权利。我们家留下则特别喜欢游泳和被人按摩，还有去便利店买酸奶，菜场买菜，早点铺买肉包子。您也可以发掘出您家狗宝宝的一些特别的爱好。

要强调的是，上面所说的这些初级强化物，只有掌控在主人手里时，才能对狗狗起到激励作用，强化主人所希望的行为。例如我常常利用瓯元看见远处的草地上有小鸟，急切地想去追逐的时候，先让它“坐下”，然后松开牵引绳，让它去追小鸟。这样，追小鸟的权利就成为对“坐下”行为的最好奖励。但如果您出门没有给狗狗系牵引绳，它看见小鸟的时候自己就可以直接冲过去，那么这就无法成为初级强化物了。

其次您需要搞清楚的是**当下对狗狗来说哪种初级强化物是最有效的**，换而言之，就是要搞清楚**哪种奖励在当下最为有效**。因为强化物是有等级的。单就零食而言，狗狗每天都要吃的狗粮就不如难得吃到的鸡肉干来得“高级”。而当狗狗已经吃饱了肚子，并且单独在家待了一整天的情况下，在零食以及和同伴玩耍的权利之间，零食又不如玩耍来得高级。

所以搞清楚狗狗在当下最想要的是什么，才能起到最好的激励作用。

例如我姐姐家的泰迪瓯弟每次看见我家留下就兴奋得不得了，这时给它什么好吃的都不如让它去一闻留下的芳泽。还有一次，我在小区里看见一个正玩得兴奋被妈妈叫回家的小男孩跟妈妈谈判：“再让我玩十分钟！”妈妈说：“不行！现在就回家！回家给你吃布丁！”小男孩说：“不，再让我玩十分钟！”妈妈坚持说：“不行，现在就回家！回家给你吃布丁，是你最爱吃的奶油布丁！”结果小男孩见谈判无望，开始嚎啕大哭。这位妈妈一成不变地以为小男孩平时最爱吃的奶油布丁在任何时候都能起到激励作用，殊不知，在当时的情况下，最好的激励物已经不是布丁，而是玩十分钟了！

当然，因为零食是最重要，也是最方便使用的强化物，所以在开始训练您的小狗之前，请务必**准备好各种等级的零食！**可以根据狗狗爱吃的程度来确定零食的等级。建议至少常备两种以上不同等级的零食。除了狗粮之外，您最好给狗狗再准备一些“高级”的零食。我家留下训练时常用的零食按从低到高的顺序为：狗粮—旺仔小馒头—牛肉棒—奶酪片/鸡胸肉干。

5. 口令及手势

对于善于观察环境的细微差别而又听不懂人类语言的犬类来说，建立手势和食物之间的联系，比建立口令和食物之间的联系要来得容易。通俗地说，手势比口令更能让狗狗理解和记忆。另外，在特殊情况下，如果不方便使用口令，还能用手势达到同样的效果。所以，我强烈建议您在驯犬的时候，同时使用口令和手势作为条件刺激。

但是，**无论是口令还是手势，建议您事先要有个规划**，不要临时想用什么就用什么，以免到后来狗狗学习的动作越来越多的时候，口令和手势不够用，或者产生混淆。

6. 强化计划

在对狗狗进行训练的时候，要制定“强化计划”。对于专业驯犬师来说，这是一套很复杂的体系。如果您有兴趣，也可以去读一下里德博士的*Excel-Erated Learning*一书，里面有非常详尽的介绍。

但对于初次接触驯犬的普通人来说，只要记住以下两点就可以了：

第一，**对于新学的动作要采用持续强化计划**，也就是说，每次当狗狗做出正确反应之后，都要给予奖励。这样才能保证狗狗尽快掌握动作要求。

第二，**对于已经掌握的动作，要采用间歇强化计划**，也就是说，当狗狗做出正确反应之后，不要每次都给予奖励，而是随机进行奖励。这样有助于动作的保持，而且在没有奖励时也能让狗狗按照要求做出正确反应。正如琼·唐纳森在*The Culture Clash*一书里所举的例子：我们知道每次投币之后饮料机里会出来饮料，如果某次投币之后，没有出来饮料，我们可能就不会再往里面投币了。但老虎机则不同，我们知道每次投币之后，有时候什么也没有，运气好时则可能会掉出来一大堆硬币，所以我们反而会不停地往里投币。老虎机所采用的就是间歇强化计划。有人说：“我家狗狗很调皮，有吃的才听从指令，没有吃的就不听了。”这就是由于主人在训练时没有注意采用“间歇强化计划”而造成的。

第三节 基本原则

1. 没有规矩不成方圆

为了防止狗宝宝长大后养成难以纠正的坏习惯，主人应遵守以下原则。

① 从狗狗到家的第一天起就要制定狗狗在人类家庭必需遵守的规则

例如，主人进门时不能主动扑人，出门前必须佩戴牵引装备，进出家门都必须在主人之后，散步时不能拉扯牵引绳，不能上主人的床，睡觉必须进自己的小窝，不能到桌边乞食，不能和主人分享零食，不能玩拖鞋，不能啃咬家具等。

② 规则的一致性

规则制定好之后，所有家庭成员在所有时间都要按照这些规则和狗狗相处。

③ 视而不见以及立即纠正

对于狗狗的一些“小”的不良行为，例如在主人吃东西时前来乞食，可以采取“不看、不理、不碰”的“三不”原则，对其“视而不见”。这样狗狗很快就会知趣地走开了。（“学习到的不相关性”原理）

对于一些比较严重的不良行为，例如啃咬电线，随处大小便等，一定要立即制止，而且要见一次制止一次。

④ 告诉狗狗你希望它怎么做，来代替“不准”的指令

如果你不希望狗狗做某种行为，那么最好明确告诉狗狗你希望它做什么，并在它做了你希望的动作之后进行奖励。

例如你不希望每次有客人来的时候狗狗都会冲到门口对客人叫个不停，那么你可以在开门之前，命令它在自己的身后“坐下，别动”，然

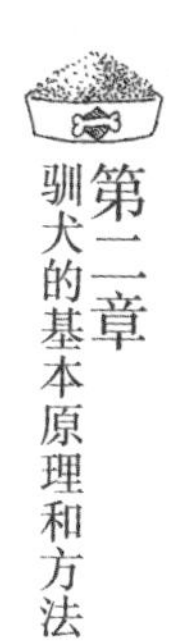

后奖励，而不只是命令它“不准叫!”。如果你不希望它啃咬电线，那么最好在它咬电线的时候用一件它喜欢的玩具吸引它的注意力，并且在它放弃家具开始啃咬玩具时进行奖励，而不是粗暴地命令它“不准咬!”。

⑤ 保持冷静

无论狗狗犯了什么错——咬坏了你昂贵的皮鞋或者尿湿了你的真丝地毯，请记住它绝不是故意的，只是还没有通过培训而已！所以，请一定要保持冷静，检查自己的教育是否还有待完善。千万不要气急败坏地把狗宝宝抓过来暴打一顿！那样除了对狗宝宝不公平之外，还会给纠正坏习惯带来很大的障碍。

⑥ 锻炼→规则→宠爱

您可以像爱您自己的孩子一样去爱您的狗狗。但是狗狗首先是狗，然后才是您的孩子或者宠物。它和我们人类是两种物种，它有自己的需求。

记住西泽· 米兰在每次《报告狗班长》(*The Dog Whisperer*)开场中所给的忠告：锻炼，规则，宠爱（Excercises, Rules and Affection）。

首先要保证您的狗狗每天有足够的锻炼（外出散步、奔跑、游戏等），然后必须让它遵守您所制定的规则，最后才是把它抱在怀里宠爱。

2. 技能训练的原则

① 分阶段采取不同的强化计划

对于**新学动作**采用**持续强化计划**，每次狗狗做出正确反应之后都用**次级强化物（口头表扬＋抚摸）+初级强化物（零食，散步，游戏等）**进行奖励。

对于**巩固阶段的动**作采用**间歇强化计划**，在狗狗做出正确反应之后，**随机分别进行仅有次级强化物和次级强化物+初级强化物的奖励**，即有时候只给予口头表扬和抚摸，有时候则再加上食物等初级强化物的奖励。

② **及时进行标记**

对于错误的行为用惩罚口令（如“Sorry!”）进行标记。

对于正确的动作用正确动作标记口令（如“对了!”）进行标记。如果您在使用响片训练，那么后文中所有“正确动作标记口令”都可以用响片来代替。

无论是惩罚口令还是正确动作标记口令，都必须在相应的行为发生后立即标记。

③ **奖励和惩罚都必须及时**

④ **口令只给一次**

不要连续说好几遍，连续说好几遍的话会让狗狗降低对口令的敏感度。如果狗狗没有反应，应耐心地等待一会儿，给狗狗思考的时间。如果还是没有反应，说明狗狗没有掌握，这时可以增加手势或者食物诱导来帮助理解。

⑤ **先使用手势，再使用口令**

在训练新动作时，不要急于使用口令，应该先使用手势。等狗狗能对手势作出正确反应后，再加上口令。口令和手势不要同时发，要有先后，说完口令间隔1～2秒，再打手势进行提示，这样才能确保狗狗学会这两种不同的条件刺激。

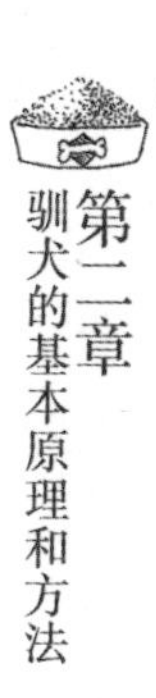

第三章 素质教育

我把这一章里的训练内容统称为素质教育，因为我觉得这些内容是让狗狗能够了解并遵守我们人类的一些基本规则，从而能跟我们人类真正和谐相处在同一屋檐下的重要保证。

如果所有宠物犬主人都能让自己的狗狗从小接受这些教育，那么狗狗就只会向主人展示天使的一面，而不会露出魔鬼的一面了。希望越来越多的宠物家长能够领悟到，狗狗犯了错，首先应检查家长有没有对狗狗尽到教育的责任。

第一节 居家礼仪训练

从毛茸茸整天吃了睡睡了吃的小宝贝到家的第一天，家长就应该开始对狗宝宝进行居家训练，否则的话，小天使很快就会变成让爸爸妈妈又爱又恨的天使和魔鬼混合体！

随处大小便、咬鞋子、咬衣服、啃家具、撕纸巾等，都是这个小魔鬼的拿手好戏。不过幸运的是，如果家长能从一开始就对狗宝宝进行居家训练，那么很容易就能让宝宝收藏起自己的“魔性”，做个可爱的小天使。

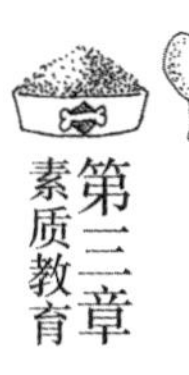

一、宠物箱训练

1. 为什么要让狗狗使用宠物箱?

宠物箱训练是居家训练的基础。

所谓宠物箱训练，就是通过训练，让狗狗习惯并喜欢进入宠物箱，并能在宠物箱门锁上的情况下，放松地在里面待上2～3小时。

很多主人会觉得把狗狗关在宠物箱里很可怜，而且2～3个月大的小狗也很听话，所以往往在狗宝宝刚来的时候就让它自由地在家中所有的地方活动。殊不知，这正是造成狗狗很多行为问题的根源。在后面我们会详细讨论这个问题。在这里，我要说的是，通过正确的训练，引导狗狗自己乐于进入宠物箱后，您就会看到进入宠物箱对狗狗来说并不是件很可怜的事，而是件很幸福的事。

让狗狗从小习惯使用宠物箱至少有以下五大好处：

① 可以很容易地进行定点大小便训练；

② 可以很容易地进行正确啃咬习惯培养，避免狗狗乱咬衣物、家具等；

③ 可以让狗狗有一个属于自己的安乐窝，在它感到害怕、生气、寂寞的时候，这个安乐窝能让它很快放松下来；

④ 需要乘车旅行的时候，可以让狗狗安静地待在宠物箱里，既能保证安全，也能不让它感到害怕和紧张；

⑤ 需要坐飞机旅行的时候，狗狗独自被关在行李舱里不会害怕和紧张。

2. 如何训练狗狗习惯使用宠物箱？

① 引导：引导狗狗主动进入宠物箱，而不是采用强迫的手段。

② 喜欢：让狗狗喜欢待在宠物箱内。

第一阶段：建立良好的第一印象

① 熟悉的气味带来安全感

在宠物箱里铺上狗妈妈或者狗宝宝用过的床单或垫子，当狗宝宝闻到熟悉的气味时会有安全感。

② 将宠物箱布置得温馨舒适

在宠物箱里面铺上舒适的软垫，把宠物箱当成狗床，使狗宝宝能在里面舒舒服服地睡觉。同时，用绳子将一些狗狗喜欢的玩具固定在宠物箱靠后的部位，让它只能在里面玩这些玩具。

狗宝宝喜欢和狗妈妈以及兄弟姐妹们挤在一起睡觉，因此刚离窝的狗宝宝会不习惯独自睡觉。这时可以在宠物箱里放置一个和狗妈妈体型差不多的毛绒玩具，并在玩具的肚子里塞上一个热水袋和一个小闹钟，来模拟妈妈的体温和心跳，陪伴宝宝安然入睡。

③ 凡是“好事”都发生在宠物箱内

吃饭的时候把饭碗放在宠物箱内，让狗狗在里面就餐。吃零食也在宠物箱内进行。还可以不时地在宠物箱的角落里藏上一点零食，让狗狗有个惊喜。

④ **引导狗狗自己进入宠物箱**

不要把狗狗直接抱进宠物箱，那样会给它不安全的感觉。利用狗宝宝喜欢跟人的习性，引导它自己走到宠物箱跟前，让里面熟悉的气味吸引它自己进去探索。也可以一只手拿着香味诱人的零食放在它的鼻子前方，然后将手慢慢放进宠物箱，吸引狗宝宝进去，然后将零食奖励给它。

⑤ **让宠物箱的门保持敞开**

刚开始训练的头两天，让宠物箱的门保持敞开，使狗狗可以自由进出。

通过第一阶段的训练之后，相信您的狗宝宝已经喜欢上它的宠物箱了。证据就是它会在想要休息的时候自动进入宠物箱美美地睡上一觉；它会在感到害怕的时候立即逃回宠物箱；还会在无聊的时候主动进入宠物箱里玩自己的玩具；当然，吃饭时间一到，它也会很自觉地进入宠物箱等待开饭。如果您的宝宝已经出现了这些举动，那么就可以进入下一阶段的训练了。

第二阶段：听令进出宠物箱

① 对狗狗说“进去！”，然后用手指着宠物箱。

② 用另一只手拿着零食，在宠物箱内引诱狗狗进入。

③ 等狗狗进入宠物箱后，立即表扬，并将手中的零食给它吃。

④ 对狗狗说“出来！”，然后用手指着相反的方向。

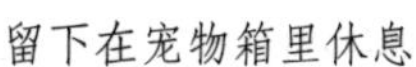
留下在宠物箱里休息

⑤ 一般狗狗会主动走出宠物箱。如果狗狗待在里面不出来，可以后退几步，或者拍手诱导它出来。等狗狗出来后，立即进行表扬，但是不给予食物奖励。

⑥ 重复以上步骤3~4次作为一节课。每天在不同的时间至少上两节课。在狗狗能够比较熟练地听令进入宠物箱后，去掉零食引诱。在发出口令及手势之后，耐心等待狗狗自动进入宠物箱，然后立即奖励。

说明：

① 出宠物箱不用食物奖励，口头表扬即可。因为我们的目的是要让狗狗觉得进宠物箱比出宠物箱更好。

② 还可以利用每次开饭的时候进行训练。先下令让狗狗进入宠物箱，然后把饭给它，作为奖励。等吃完了再下令让它出来。

等狗狗可以很熟练地根据口令进出宠物箱后，就可以进入最后阶段的训练了。

第三阶段：关上宠物箱

① 选择训练时机，最好是狗宝宝玩得精疲力尽或者有点发困的时候。

② 然后命令狗狗“进去！”。

③ 等狗狗进入宠物箱后，把狗狗喜欢的零食或者玩具放入宠物箱，选择狗狗在里面比较放松的时候关上门，锁上宠物箱。

④ 主人坐在宠物箱旁让狗狗能看到自己，然后开始看电视、看书或者聊天等，就是不要理睬狗狗——不要看它、摸它，也不要和它说话。

⑤ 期间主人要不时离开一下，但每次都应在1~2分钟内回来。

⑥ 如果狗狗在里面做出悲鸣、狂叫、转圈、乱抓等动作，不要予以理睬。等它安静下来后，再将门打开，让它出来。但是出来的时候要低调，不要关注它，更不要给它抚摸、拥抱、零食等奖励。

⑦ 重复步骤1~6，直到狗狗能够在宠物箱锁上的情况下，自在地在里面玩玩具，或者安静地睡觉。

⑧ 在训练过程中，应逐步延长主人离开的时间，以及狗狗待在宠

物箱内的时间。直到狗狗可以在里面安静地待上2～3个小时。

注意：

① 如果锁门的时候会发出“咔嗒”之类的响声，则应该在第一阶段和第二阶段开门训练的时候，就经常乘狗狗进入宠物箱的时候故意弄出这样的响声，这样在第一次锁门的时候，狗狗就不会对这样的锁门声产生反应了。

② 无论狗狗在宠物箱里做出什么生气或者可怜的动作，都不可以一时心软开门，否则你就是在鼓励它用这样的动作要求你开门，以后这样的动作会越来越激烈，只有等它安静下来才可以开门。

二、定点大小便训练

狗宝宝带给主人的第一件麻烦事恐怕就是在家里随处大小便了。有很多初次养狗的人就是因为在头几个月被家里随处会踩中的“地雷”搞得不胜其烦，最后只好把小狗狗转送他人。

所谓定点大小便就是让狗狗在主人规定的地方大小便。

很多人用“正向惩罚”的方法来进行训练，即发现狗狗在“非法”地点大小便时用打骂对狗狗进行惩罚。这个方法我以前曾经用过，也能成功，但缺点是用时比较久，至少要两周才开始见效，且容易反复。此外，还有可能造成一种副作用，即狗狗为了避免挨骂，会自作聪明地躲到主人看不见的地方，例如床上去撒尿，使问题变得更为严重。我姐姐家的瓯元一开始就是这样的一个“反面教材”。

刚开始的时候，我姐姐说瓯元“很聪明，在外婆家里自己就会到报纸上小便”。那时候它大概两个月大。但瓯元回到自己家以后，就“事故”不断，开始在家里随处大小便。无论家长如何责罚，都不见效，而且情况越来越糟，除了经常会在地板上小便之外，甚至后来还发展到了到床上和沙发上小便。

姐姐说，瓯元知道应该在哪里大小便，但就是常常故意捣乱。经常会有狗主人说：“我打了它之后，它就故意到处大小便，好像是报复我。”

其实，“故意”和“报复”都是我们人类一厢情愿的想法。狗狗是没有“道德感”的动物，因此不存在“内疚”、“故意”、“报复”之类的心态。它们只知道“危险”和“安全”。在介绍训练方法之前，我们需要先来了解一下瓯元作为犬类的想法。

首先，狗狗一般不会在自己睡觉的地方排泄。外婆家很小，给瓯元的活动范围更小，让它大小便的报纸就铺在它睡觉的窝旁边。所以，那时候，其实它不是“很聪明”，知道要排泄在报纸上，而是“别无选择”——不在报纸上，就得在自己的窝里。

然而，回到我姐姐近200平方米的“豪宅”之后，小瓯元就晕头转向了。在它看来，除了自己睡觉的地方之外，其他可作为“厕所”的选择实在是太多了！但不幸的是，每次它总是猜错。它在自认为很合适作为厕所的地方小便了之后，就会被爸爸拎到刚刚小便过的地方，狠狠地揍一顿，还凶巴巴地说了一大堆它根本听不懂的话。可怜的瓯元想破了脑袋，终于想到一定是爸爸妈妈在的时候不能嘘嘘。因为每次爸爸妈妈在的时候就会挨打，不在的时候就不会挨打。于是它就憋着尿，等啊等，等到爸爸妈妈在房间看电视的时候，趁客厅没有人，赶紧在地上（它认为的厕所）撒了一大泡尿。可是，爸爸又来了，于是又挨了一顿打。看来在客厅里撒尿真是太不安全了。终于有一天，它发现了一个好地方，在小主人洋洋哥哥的床上，有又软又吸水的被子，而且关键是，那个房间经常没有人，即便有通常也只是从来不打骂自己的洋洋哥哥。这应该是个可以安全如厕的地方。于是，聪明的小瓯元终于舒舒心心地在被子上撒了一大泡尿。

比较好的训练办法是用“正向强化”，即奖励的方法来鼓励狗狗到正确地点排泄。

我们已经知道，动物的学习法则是，在做了什么行为之后如果立即被环境因素所强化（如食物奖励、主人的表扬等），则这种行为出现的频率就会越来越高。如果没有受到强化，则这种行为会自然消失（操作条件反射）。而且，对于狗狗来说，没有对与错的概念，只有安全跟危险的区分。所以，如果我们采用打骂的手段的话，会让狗狗得出一个错误的结论：主人在的时候我不可以方便，那样很危险；主人不在才可以，那样比较安全。如此就容易出现像瓯元那样的情况了。

了解了这些之后，你可能已经明白，训练狗狗如厕的关键在于奖励，奖励的关键是要及时，不然狗狗可能不知道自己为什么会受到奖励，也许就会无意中强化了你并不希望的行为。那么怎样才能及时呢？这就需要我们花点心思了。

幼犬一般会在起床后、睡觉前、饱餐后、游戏后、激动后有排尿的需求。另外，距离上次排尿2～3小时后，一般也会有尿意。当然，最理想的就是，你已经按照前一节的方法对狗狗进行了宠物箱训练，那么事情就变得非常简单了：把它关入宠物箱，2～3小时之后再放出来。除非特殊情况，否则狗狗是不会在自己的窝里大小便的。而等它过了2～3小时出来的时候，通常会有便意。抓住这些时间点，等它一在规定的地点排尿立即奖励，很快你就会看到神奇的变化。

1．室内定点小便

① 限制活动范围

在狗狗没有学会使用“厕所”前，如果家中没有人，要把它在家里的活动范围限制在“防狗”（“dog proof”）区域内。

这种“防狗”区域应分为“短期”和“长期”两种限制场所。跟狗狗体型接近，活动范围很小的场所，例如宠物箱，或者面积很小的阳台、卫生间之类的区域为“短期”限制场所。注意将狗狗关在短期限制场所的时间不要超过3小时。

另外我们还需要准备一个“防狗”房间，作为“长期”限制场所。如果主人要离开3小时以上，就把狗狗关在长期限制场所内，可以是面积较大的阳台或者卫生间，也可用宠物围栏围出一块专门区域。在该区域内不要放置易被狗狗啃咬的衣物及家具，也不要铺设易被它误认为是厕所的地毯、毛巾等多孔材质的物品。将宠物箱放在该区域内，里面铺上柔软舒适的垫子，并放上玩具。打开宠物箱门，让狗狗可以自由进出，在宠物箱附近放置宠物厕所。把狗狗关在限制场所的目的是为了尽量减少它“犯错误”的可能性，提高上对厕所的正确率，便于对其实施“正向强化”。

② 只有刚“排空”的狗狗才可以在家里“限制场所”以外的地方自由活动

主人在家时，如果狗狗还没有上过厕所，应将其关在宠物箱内。千万不要因为觉得限制它的活动范围“很可怜”，而任由还未通过培训的狗宝宝在家里到处乱跑。那样它只会更“可怜”：你会因为它在家里到处大小便而抓狂，并因此而打骂“可怜”的狗狗。

③ 正确布置厕所的位置

狗狗有不在自己的窝里及日常起居处排泄的习性，因此，不要把狗厕所放置在这些地方，而应放在它平时不太会去的地方，例如主人的厕所里，或者阳台等处。

④ 使用适合做“厕所”铺垫物的材料

一切天然的、吸水性强的表面对狗狗来说都是适合用来当厕所的。因此，除了宠物店里卖的专用狗尿片之外，报纸、草皮、泥土等材料都会让狗狗有想在上面撒尿的亲切感。此外，狗狗还有在别的狗撒过尿的地方再撒尿的习性。因此，初次引导狗狗在家里上厕所前，除了要在适当的地方布置好适合的铺垫物之外，还可以在铺垫物上沾点其他狗狗的尿液，以便诱导狗宝宝排尿。当然，也可以到宠物店购买专门的“诱导剂”。

⑤ 到了预计的排泄时间，把狗狗从宠物箱内放出，引导它到厕所排泄

⑥ 听令排泄的训练

在狗狗做出排泄的准备动作时，如低头嗅气味、转圈等，立即发出排泄的口令，如“尿尿”。并在它刚开始排泄时，重复几遍口令。

⑦ 保持放松的状态

跟人类一样，狗狗只有在放松的情况下才能安心排泄。因此带它去上厕所的主人一定要给它足够的安全感，能让它完全放松。平时经常打骂狗狗的主人不适合担当此“重任”。下达口令时要温柔，不要惊吓到它。

⑧ 及时奖励

狗狗在规定地点排泄后应立即奖励。建议在厕所附近放置一个密封的零食盒，这样等它一上完厕所，就可以很及时地进行奖励。刚开始训练的时候，一定要用“高级”的零食，配合主人惊喜的表情、表扬口令、热情的抚摸等。

⑨“犯错误”时的处理

如果事后发现狗狗未在规定地点排泄，不要责罚，彻底清洁干净即可。

如果发现狗狗正在“非法”地点排尿，应立即打断，对它说“No!”，然后将其转移至规定地方。

⑩ 扩大活动范围

等狗狗出了宠物箱能够很自觉地去上厕所时，可以开始尝试不再将它关在宠物箱里，但是必须在主人的监视之下。一旦到了该上厕所的时间或者发现有上厕所的迹象时，立即将狗狗引导至厕所，并下达“尿尿”的口令。等狗狗能够很自觉地在有需要的时候就去厕所，并且连续几天都没有在“非法”地点排泄后，可以开始开放所有的房间，取消限制场所。

⑪ 巩固成绩

狗狗学会定点上厕所是你辛苦教导以及狗狗认真学习的结果，千万不要认为是理所当然的事。因此，即使狗狗已经能很熟练地去规定的地方上厕所，还是要不时地（不需要每次）奖励一下，这样才能巩固成绩。

⑫ 及时彻底清洁狗厕所

狗狗不喜欢在有自己尿味的地方小便。因此，每次狗狗尿完之后，哪怕只尿湿了一角，也要立即把尿片扔掉，并彻底清洁狗厕所或者铺尿片的地面，然后换上干净的尿片。否则狗狗很有可能因为遗留的尿味而不愿在同一个地方再尿尿。

2. 室内定点大便

① 训练方法和“室内定点小便”相同

训练定点大便比小便要困难，最主要是因为狗狗一天大便的次数（一般为2～3次）比小便要少得多，所以很难抓住时机强化。但狗宝宝是“直肠子”，一般在餐后5～30分钟就会有大便的需求。而狗狗在8个月之前每天喂食次数最好是3次。因此，如果固定喂食时间，并在它进食后5~30分钟内带它去厕所，会有很好的效果。

② 另设一个“大便厕所”

最好在距离“小便厕所”稍远的地方再布置一个“大便厕所”。因为狗狗一般不愿意在同一个地方大小便。便便要及时清理，不然它可能不愿意再去使用脏厕所。

3. 户外定点大便

如果希望狗狗在户外大便，又不想带着它转圈等它决定上厕所，可以对狗狗进行户外定点大便的训练。

① 早上在估计狗狗快要大便时带它出门（之前应关在宠物箱内）。

② 出门之后带它到最近的草坪。

③ 仔细观察它的动作。狗狗大便前，一般会用鼻子嗅地面，并不停地转圈，最后突然停下，弓背。当发现它做出这些大便的“准备”动作时，要立即靠近，并发出“便便”的口令。注意语气要柔和，不要惊吓到狗狗。

④ 等狗狗一大便完，立即奖励，然后带它继续前进。

⑤ 如果狗狗不大便，就不要离开这片草坪，直到它大便完为止。

⑥ 连续几天之后，可以开始尝试一到草坪上就发出“便便”的口令，促使狗狗听到口令就开始排便。然后按步骤④~⑤操作。这样狗狗就会知道，拉完便便不但有奖励，还能去散步，不拉就没有，因此很快就会养成出门先大便的好习惯。

此外，作为一个负责任的主人，每次狗狗大便完，一定要检查是否有拉稀、便血等异常现象，以便让它及时得到诊治。还有，请记得一定要把便便扔进垃圾桶哦！

4. 如何纠正错误

如果狗狗没有经过“限制场所”的训练，并且已经养成了随处大小便的毛病该怎么纠正呢？

其实训练的原理还是一样的，**即，到了预计的排泄时间，引导狗狗到厕所前排泄，然后奖励！**

因为没有经过宠物箱训练，这就需要主人通过仔细观察，记录下狗狗一天的排泄规律，然后根据记录，推测狗狗需要方便的时间。

如果狗狗到了时间不肯排泄，可以将厕所放置在可封闭的小空间，如阳台或者卫生间内。然后将其关入厕所，主人在外面耐心等待。主人一定要能观察到狗狗在里面的一举一动。

等狗狗排泄后立即打开门，并给以重奖！

注意，如果狗狗在厕所内做出吠叫、抓门等种种抓狂动作时，千万不可以开门。第一次需要等待的时间会比较长。我在训练瓯元的时候等了5分钟，而在训练笨笨的时候则足足等了25分钟！但只要你扛过第一次，并且在狗狗刚排完就立即开门奖励，那么以后等待的时间就会越来越短了！

其他要点和前面相同。

5. 案例

下面是我纠正瓯元随处大小便习惯的训练过程，可供参考。

我采用的方法是：把厕所的位置固定在阳台上。等到预计应该排尿的时间，就把瓯元关进阳台、等尿完了再放出来、然后立即加以重奖。

第一天。中午12点50分。这是瓯元首次被隔离在阳台这么小的空间内。刚一关上门，它就开始低声呜咽，然后提高分贝高声吠叫，继而后脚站立，直起身子，用前脚以极快的速度不停交替扒门，间以往高空跳跃。其状可怜之极。我隔着玻璃门看着它，差点就心软想开门了。大约闹了5分钟后，由于太过激动，它突然有了尿意，停了下来，就地一蹲，撒了一大泡尿。我立即打开门，用十分惊喜的表情和语气大大地表扬了它一下，然后慷慨地给了它一大把牛肉条，随即又带它出门痛快地玩了很久。

下午15点50分和晚上22点，是接下来的预计排尿时间。这两次用时明显减少。大约2分钟不到，它就放弃挣扎，开始排尿。这说明它已经开始明白，其他办法都没有用，只有快点尿尿才能让我把门打开。

第二天。早上6点25分起床后，我就立即把它带到阳台，仍然关上门。这次挣扎的时间更短，只有半分钟不到。

中午12点，我按时把它关进了阳台。这次不知为什么，它又开始使出十八般武艺挣扎了，而且时间长达10分钟。（训练中有时出现退步现象是正常的，主人千万不要灰心！）我差点以为它根本没有尿意。结果它突然低头闻了一下，然后走到报纸上，撒了一大泡尿。这是一个重大进步。前几次它根本没有闻，都是就地一蹲，要么尿在地上，要么是凑巧尿在报纸上。这个动作显示，它已经有意识要尿在报纸上了。

下午14点。瓯元主动进了阳台，闻了一闻后，当着我的面痛痛快快地在报纸上撒了一大泡尿！这说明，第一我让它有了充分的安全感；第二它已经知道了“厕所”的位置，今后极有可能会自动来阳台撒尿了。

第三天。早上6点是又一个重大突破！起床后，它主动从卧室出去，穿过走廊，直冲阳台，在报纸上撒了一大泡尿。20分钟后，它又去了阳台，走到角落里，转了个圈之后，拉了第一泡大便！至此，瓯元同学以优异的成绩顺利完成了“定点大小便”科目！历时仅有2天！

三、啃咬习惯训练

狗宝宝从小天使变成小魔鬼的另一项让主人头疼的行为，就是“搞破坏”：啃咬衣物、鞋子、家具等“值钱”的物品。尤其是大型犬，在4～5个月就会开始显示出超强的破坏力。忍无可忍的主人只好采取打骂的办法，但效果却不佳。往往主人在家时，狗狗的确收敛了许多，但主人一离开，狗狗又会故态重萌，甚至变本加厉。

1. 狗狗为什么喜欢啃咬家具和衣物

其实狗狗很委屈，因为啃咬东西是它的本能，它根本不觉得自己是在做“坏事”，它想说：我真的不是故意的！我只是忍不住要做这些事。

琼·唐纳森在*The Culture Clash*一书中提到的“我们所了解的关于狗狗的十大真相”中有以下几条：

① 所有东西对它们来说都是啃咬玩具（没有物品的概念）；

② 没有道德观念（没有正确和错误的概念，只有安全和危险的概念）；

③ 猎食动物（搜索、追赶、撕咬、肢解及咀嚼等行为）。

所以我们要知道，对于正处于青春期前后，精力旺盛的幼犬来说：

① 它需要咬东西，以此来磨牙、消耗精力、消磨时光；

② 在它眼里，没有什么可咬、什么不可咬的概念（从来没有人教过它）；

③ 它知道主人在家时咬东西会挨打，不安全，所以乘主人不在家时再咬。

2. 如何培养狗狗正确的啃咬习惯

理解了狗狗为什么会有这些行为之后，我们要做的就是疏导而不是堵。

因为狗狗，尤其是幼犬，必须要咬点什么。如果只是在它干了所谓的“坏事”后加以打骂，那就是“堵”。“堵”的后果就是狗狗在特定情况下会控制自己不做某些行为，但它总会找到可以做这些行为的时机。也就是说，以后它会知道主人在的时候不能咬，因为那样很“危险”，而等主人一出去，它就会立即开始更加疯狂地咬东西。

这不是报复行为，而实在是它已经憋得太久了！

而“疏导”则是引导狗狗去咬主人允许的玩具，让它知道什么是可以咬的，从而慢慢自觉地不去咬“非法”物品，因为它的本能已经有了“合法”出口。

“引导”有以下原则。

① 加强监视

在狗狗养成正确的啃咬习惯之前，绝对不能放任狗狗在没有主人监视的情况下在家里自由活动（这一点和“定点大小便”的训练原则相

同）。同样，对于刚到家里的幼犬，除了宠物箱（临时限制场所）之外，最好再给它准备一个“防狗”房间，作为主人较长时间（超过3小时）不在家时的长期限制场所。所谓“防狗”房间，除了不怕狗狗大小便之外，最主要就是没有鞋、衣服、家具等“非法”物品可以让它自由发挥啃咬的天赋，只有各种好玩的“合法”玩具。这样，当它独自在家的时候，就会逐渐养成啃咬“合法”玩具的习惯。当狗狗在家里自由活动时，一定要处于主人的监视之下。一旦发现它在咬“非法”物品时，立即加以制止。最重要的是，要引导它咬“合法”的玩具。如果没有在坏习惯刚冒头的时候就加以纠正，等狗狗养成了咬家具、咬皮鞋、咬电线等坏毛病后，就需要花费加倍的精力才能纠正了。

② 主人保持冷静

要注意的是，发现狗狗在咬“非法”物品时，主人一定要“低调”，千万不要大惊小怪地高声嚷嚷，更不要去和它抢，那只会让它觉得自己在咬的东西“价值不菲”，从而更喜欢去咬这件物品。最好的办法是“大棒”加“胡萝卜”，即先走到狗狗跟前，用严肃的目光直视它，利用“首领”权威，迫使它松嘴放弃嘴里的物品（参见“第四章　第三节　人类如何做狗狗的首领”）；然后进行表扬或者食物奖励，并给它喜欢的“合法”玩具。

如果主人还不具备“首领”权威，也可以只用欣喜的语调召唤狗狗，并递上一件它喜欢的“合法”玩具。等它张嘴去咬“合法”玩具时，再“低调”地把“非法”物品收走。当然，最好是再跟它用“合法”玩具玩上一会儿，这样它会觉得还是玩“合法”玩具好。记得以前有个电视叫《火星叔叔马丁》，里面有这样一个情节：火星叔叔马丁因为出了点故障，头上的天线暂时收不回去，结果被孩子们看见了，纷纷在自己的头上戴了根天线玩。他害怕因此而暴露自己火星人的身份，希望孩子们不要戴天线。但是越不让他们戴，他们就越要戴。后来他发明了另外一个玩具去引诱孩子们，结果孩子们自己就扔掉天线去追捧新玩具了。狗狗的心理跟小孩子是一样的。

③“合法”玩具要多，要好玩

有位狗主人向我抱怨说，她家6个月大的金毛喜欢咬电线，现在只好整天拴着它。主人还说，它不玩玩具，就是喜欢咬电线。后来才得知她家金毛只有一个毛绒玩具。我跟主人说，这远远不够！

很多主人会说，我已经给狗狗准备了玩具，但它就是不玩，却爱咬家具。在责怪狗宝宝之前，请家长先对照下面“玩具的种类”检查一下，是否给狗狗准备了各类必要的玩具？

④ “合法”玩具要和“非法”物品有明显区别

如果你不希望狗狗咬自己的新鞋，那么千万别把破鞋扔给狗狗玩。如果你不希望狗狗咬自己的新袜子，那么也不要把旧袜子给它当玩具。狗狗是不会分辨一件物品的新旧和价值的。如果你给它的玩具和不允许它啃咬的日常用品太过接近的话，会给它造成很大的困惑：为什么这个可以玩，而那个不可以呢？如果你不能允许它去咬某件新的、昂贵的、重要的物品，那么就千万不要把类似的，对人类来讲已经废弃的物品给它当玩具。

⑤ 主人要经常用“合法”玩具和狗狗互动

很多主人说，我家狗狗喜新厌旧，买给它的玩具很快就不玩了。那是因为主人给狗狗的都是一些毛绒玩具、绳结、皮球之类的“没有生命”的玩具，所以狗狗很容易厌倦。而主人有“魔力”的双手能赋予这类玩具“生命”，让它们“活”起来。如果主人能经常用“合法”玩具跟狗狗玩“衔取”或者“拔河”之类的游戏，狗狗就会越来越喜欢这些玩具，而根本不会介意玩具的新旧。我家留下的网球玩了四年还没有厌倦，就是因为我经常用这个网球跟它玩衔取、搜索等互动游戏。反之，如果狗狗偶尔好奇心大发，叼了主人的拖鞋之类的“非法”物品来玩时，主人只是“低调”地收走，从来不跟狗狗抢夺（在狗狗眼里就是游戏！），那狗狗很快就会因为这个物品没有生命力、不好玩而失去兴趣。如果主人去追赶并从狗嘴里抢拖鞋，那么在狗狗看来，就是主人在用拖鞋和自己玩游戏，因此反而会对拖鞋兴趣倍增！

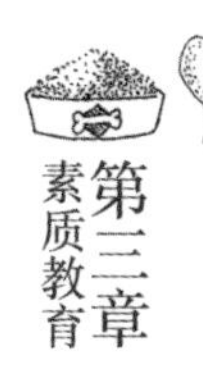

3. 玩具的种类

其实，玩具是我们人类的说法，对于狗狗来说，则是指那些可以用来满足它们基因里遗传下来的猎食本能的物品。“好玩” 也应该从这个角度出发，而不是按照人类的标准。根据不同的功能，我把狗狗的玩具分成以下几类。

① 可以用来满足杀死猎物本能的玩具

各种大小合适的**毛绒玩具**是最佳选择，可以用孩子们玩过的旧玩具，也可以买宠物专用的毛绒玩具。狗狗会把玩具衔在口中，抛向远处，冲过去再咬住，发疯似地摇着头使劲甩，就像我们在“动物世界”中看到猎食动物捕获猎物后为了杀死猎物而做的那样。

如果你没有给狗狗提供这类玩具，那么它们极有可能会把轻便的毛绒拖鞋拿来当玩具哦！

如果用儿童的毛绒玩具，那么最好事先把玩具的鼻子、眼睛等小附件取下，以免狗狗误食。另外，要注意观察狗狗是否会把这些玩具“开膛破肚”，如果露出里面的填充物，也要及时清理。

② 可以用来磨牙并满足撕咬欲望的玩具

大部分狗狗都喜欢撕咬卷纸或者餐巾纸之类的物品，就是因为这类物品特别能满足它们撕咬的需求。我们可以用玩具来满足它们的这种需求。

这类玩具有很多种。有宠物店里卖的**狗咬胶**及**粗线绳和丝瓜络玩具**。还可以**用布条、麻绳自制**狗狗喜爱的撕咬玩具。先用一根布条包上狗狗爱吃的零食，如鸡肉干、肉骨头等，然后在外面用麻绳、布条等层层缠绕，做成一个结实的绳球。既可以满足狗狗磨牙和撕咬的欲望，还能在大功告成之际给它一个惊喜。这种玩具特别适合喜欢把什么东西都咬得粉碎的拆卸狂。还可以到肉铺买**扇骨**，根据狗狗的体型切成小块或者整块丢给它。那是所有狗狗的大爱。

③ 可以用来满足追逐本能的玩具

毛绒玩具也有这个功能。不过最好的还是用大小适中（能让狗狗方便地衔在嘴里）的球，例如网球、宠物用的塑胶球等。

球类方便携带，又能扔得很远，所以在和狗狗外出散步时，可以带上一只它喜欢的球，扔到远处让它叼回。如果狗狗喜欢，例如边牧，那么飞盘当然也是很好的选择。

④ **益智类玩具**

需要让狗狗动脑筋的玩具，主要包括各种漏食球。

我们家瓯元试用下来最好的是一种不倒翁漏食球。把狗粮装进这个漏食球里，先教狗狗用前爪碰一下它，当不倒翁开口的一面倒下时，就会有狗粮从开口处漏出。它的好处，第一是填充方便，把盖子拧开就可以很方便地填充食物。第二是两级难度设定，可以根据情况随意调整漏食的难易程度。馋嘴的狗狗会很有兴趣研究这个不倒翁到底什么时候能漏出食物来。

还有一种是葫芦漏食球。这是一种两端开口，中空的葫芦形橡胶漏食球。它的好处是可以往里面填充干粮、湿粮、奶酪等各种食物，狗狗在啃咬这种漏食球的时候，可以把里面的食物挤出来。非常适合特别爱好啃咬东西的狗狗。

⑤ **拔河玩具**

我把拔河玩具单独归成一类，第一是因为这是必须要有主人互动才能玩的游戏，第二是为了安全起见，只能规定1~2个专用拔河玩具。但是，实质上，这个游戏也是为了满足狗狗的撕咬本能。

理论上，凡是能一头让狗狗咬在嘴里，另一头由主人用手拉扯的玩具都可以用于拔河，例如毛绒玩具、线绳玩具等。但是因为拔河玩具最好要固定，所以建议选用不易拉坏，且拉坏后很容易找到相同玩具来替代的。例如宠物店可以买到的绳圈，一旦坏了，马上可以买到新的。

⑥ **法宝玩具**

法宝玩具并不是特指某一种玩具，而是指在所有玩具中，狗狗最中意的那个。

和小孩一样，如果狗狗可以随意拿到任何玩具，那么它很快就会对这些玩具厌倦了。所以，主人最好把一件玩具藏在狗狗拿不到的地方，偶尔才拿出来跟狗狗玩一下，作为奖励，狗狗就会特别喜欢这个它轻易玩不到的玩具了！我们家留下的法宝玩具是网球，通常只有出门的时候才跟它玩，即使在家里，也只有我主动邀请才能玩，它自己是拿不到的。

注意，主人必须把法宝玩具的控制权掌握在自己手中。否则，就不能成为法宝玩具了。

4. 案例

瓯元被送到我家来接受教育的原因之一是因为在家里破坏了太多的东西，包括羽绒服、鞋子、家具等。

来到我家后，它曾经尝试过咬我的电脑桌、鼠标线、餐巾纸、拖鞋、地毯等各种稀奇古怪的东西，但因为一直处在我的严密监视之下，所以每次都及时被我发现，而且立即提供了“合法”玩具，结果很快它就转移了注意力，再也没有咬过这些东西了。

在我给瓯元提供了各类必需的玩具，并及时掐灭它企图咬“非法”物品的苗头后，在我家的一个多月里，它从来没有搞过任何破坏。而且每次闲着无聊的时候，它就会去找个“合法”玩具出来玩。当然，只要我有时间，就会用它的“合法”玩具跟它玩上几个回合的互动游戏，以此鼓励它玩自己的“合法”玩具，不至于厌倦。

当狗狗象瓯元一样，在无聊的时候会主动去拿自己的“合法”玩具来玩，并且连续几天没有咬“非法”物品的不良记录之后，就可以放心地对它开放所有的房间了！

四、分离训练

朋友Z小姐把家里的迷你红贵宾笨笨送来培训。笨笨的问题之一也是在家里乱撒尿。但和瓯元不同的是，它很早就学会了在家里上厕所，只是以前Z小姐一直不上班，自从一个月前开始上班后，笨笨就每天在家里到处乱撒尿。

了解情况之后，我判断，除了上厕所还需要用奖励的方式进行强化之外，笨笨的这种情况很有可能是分离焦虑症造成的。

1. 什么是分离焦虑症

关于分离焦虑症（SAD），琼·唐纳森解释说：

“大部分狗狗独自在家搞破坏的时候是在享受啃咬的快感；很多狗

狗独自在家的时候会有轻度但是明显的抑郁——但更恰当的说法是'失望'。但是，有些却会发展成真正的焦虑症——分离焦虑症。一只感到无聊的狗狗在独处的时候可能会用咬东西和游戏来打发时光，而一只非常恐慌的狗狗则有可能因为不停地刨出口处，例如门框，希望能到外面去找主人，从而弄伤自己的爪子和牙齿。

其他用来区分分离焦虑症和主人不在时的普通行为问题的主要症状还有：在主人离开前的焦虑表现（气急、来回走动、流口水、颤抖、情绪低落及躲藏），独自在家时不吃东西，而且经常是主人快要离开前就开始不吃东西。

分离焦虑症通常会在某件触发事件发生后发作。例如换了新家或者生活规律发生重大改变，尤其是当这种改变会给狗狗带来之前主人经常在身边，而之后必须要忍受主人长时间不在的突然对比的时候。"

从笨笨2个月大时来到家里，一直到它7个月大期间，Z小姐都没有上班，一天的大部分时间都和它在一起。然后在它8个月大时，Z小姐开始上班了，每天要把它独自关在家里8小时以上。显然这种生活规律的前后强烈反差触发了它的分离焦虑症。

每次在Z小姐换上班衣服的时候，笨笨就开始寸步不离地跟着她，等Z小姐走了以后，它就开始不停地扒门，同时发出哭一般的哀鸣声。Z小姐在家的时候，笨笨也很警惕。只要Z小姐一站起来，哪怕是进厨房倒杯水，或者上厕所，它都要紧紧地跟着。这些都是很明显的焦虑表现。

2. 如何避免分离焦虑症

要避免分离焦虑症的发生，最好是从狗狗到家的第一天起就开始进行分离训练。

很多人会觉得小狗既可怜，又可爱，为了让它能尽快地适应新家，于是就在狗宝宝刚来的时候一直陪着它。但这样做的结果却恰恰会适得其反：如果刚开始的时候你一直在它身边，给它过度的关注，那么等你的生活恢复正常，无法一直陪伴它的时候，就会给狗狗带来巨大的失望，严重的甚至会造成分离焦虑症。

（1）训练要点

① 从狗狗到家的第一天就开始训练。

② 经常性地让狗狗独自待上一小段时间。

刚开始离开的时间要短一点，最好控制在5分钟之内。等到狗狗的反应不太强烈之后，开始逐步拉长时间，如15分钟、半小时、1小时、2小时等。在狗狗刚到家的那几天，要频繁地进行这样的分离练习。

先练习“内部分离”。就是把狗狗放在“防狗”房间，主人在房间里陪它玩一会儿，或者就待在房间里做自己的事情，然后关上房门，离开房间去上个厕所，倒杯水，做个饭等。让狗狗习惯即使主人在家，也不会时刻跟自己在一起。

然后练习“外部分离”。把狗狗放在“防狗”房间，主人跟狗狗在一起待了一会儿后，关上房门，离开家，出去倒个垃圾，买个菜等。

通过若干次这样的练习，就能让狗狗知道：主人不会总是一直在身边，并且主人走了之后总会回来的。

③ 每次离开的时候都不要跟狗狗打招呼

这样狗狗渐渐地就不会太在意主人的来来去去了。而主人依依不舍的语气和表情反而会让狗狗对即将面临的独处感到焦虑！

④ 不要在狗宝宝正在发出哀鸣声的时候出现在它面前，等它停下来的空当再进去

主人不在身边时狗宝宝发出这种声音是正常的，这也是它们与生俱来的固定程序之一。但这个程序也是可以改变的。如果狗狗正在哀鸣时碰巧主人回来了，那么这种反应就被强化了，以后狗狗会叫得越来越厉害。当然，如果你喜欢这种声音，就可以对它做出回应。否则的话，就一定要等它停下来了再出现在它面前。

⑤ 让所有的“好事”都发生在主人离开后又回来的时候

像吃饭、游戏、散步之类的“好事”最好都安排在主人离开刚回来的时候，这样狗狗就会形成“妈妈离开=好事将临”的条件反射。

开始训练的时候，可以在狗宝宝开饭前刻意离开一会儿，然后拿饭来给它吃。还可以在进门后跟狗宝宝玩上几个回合的“衔取”、“拔河”或者“扑咬”游戏，作为打招呼的方式。这样还可以避免狗狗养成用扑人来欢迎主人的坏习惯。当然，像出门散步这样的大好事最好也是安排在主人刚回来的时候。

这里所说的“离开”和“回来”可以是真实的，也可以是为了训练刻意安排的。

（2）注意要点

① 建议晚上把宠物箱拿到主人床边，让狗狗在宠物箱里睡觉

这样既不会打扰主人，又能让狗宝宝有一定的安全感。而且还能让主人在宝宝醒来的时候及时带它去上厕所，养成定点大小便的习惯。

但是，同样要注意的是，狗狗（尤其是刚离窝的狗宝宝）在刚开始独自睡觉的时候，也会不停地发出哀鸣声，这时候主人千万不要对它有任何反应，只要熄灯假装睡觉就可以了，尤其是不要在这时去抱它，或者让它到主人床上来（可以给狗宝宝一个大小相当的毛绒玩具跟它一起睡觉）。

② 和前面讲过的“定点大小便”以及“啃咬习惯”一起训练

注意主人不在的时候一定要将狗狗关在“限制区域”，并在限制区域内放置厕所以及足够的玩具。

3. 如何纠正分离焦虑症

如果幼犬刚到家的时候就开始按上述方法进行“分离训练”是非常容易的。但是对于没有经过训练，已经患上不同程度的分离焦虑症的狗狗该如何纠正呢？

同样地，我们也需要尽快对狗狗进行“分离训练”。

狗狗非常擅长观察环境的细微变化。如果主人每次出门前（例如去上班）都换上正式的衣服，拿上公文包，然后离开将近10小时才回来，狗狗很快就能从这种变化中预测出将要发生的离别，在主人刚开始换衣服的时候就开始焦虑。因为这时，狗狗已经形成了“正式衣服+公文包=主人要离开很久很久”的“坏的”条件反射。

因此，要消除狗狗的焦虑，**首先要让它无法预测**。主人在家的时候，经常故意换上平时上班的衣服，拿着上班的包，离家5分钟左右，然后再回来。经常进行这样的练习，狗狗就不会一见到主人上班的打扮就开始焦虑了。

其次是要逐渐脱敏。和避免分离焦虑症的方法类似，让狗狗和主人分离的时间逐渐加长，从5分钟，到10分钟、20分钟、半小时、1小时等。先进性“内部”分离练习，再进行“外部”分离练习。

再就是建立“主人离开=好事将临”的“好的”条件反射。每次主人外出回来时，根据主人出门时间的长短，给狗狗的“好处”级别也应有所区别。时间越长，级别越高。例如出门只有5~10分钟，回来的时候可以跟它玩上一两个回合的游戏。15~30分钟，可以给一小块鸡胸肉干。30分钟~2小时，奖励鸡胸肉干外加立即带它出去散步。当然，吃饭也是很好的奖励。我喜欢把自己想象成外出打猎的母狼，回家后，总是会带些“猎物”给独自在家的孩子。这样，狗宝宝单独在家时就不会焦虑了，因为它知道“妈妈”打猎去了。

另外还可以使用“外出口令”。每次主人离开前，可以用平淡的语气跟狗狗说“再见”，或者“上班班”等单词，作为“外出口令”。从5分钟的分离训练开始练习。这样，以后狗狗听到“外出口令”就知道主人要单独外出了，当然最主要的是，主人还会回来！

4. 案例

笨笨来到我家后，我开始对它进行“分离训练”：

① 经常换上上班的衣服，背上上班的包，然后假装出门去“上班”；

② “上班”的时间由短到长，从5分钟到10分钟、15分钟等逐步延长；

③ “上班”回来就给笨笨“好处”，有时候是好吃的零食，有时候是游戏，有时候是出门散步；

④ 出门时保持“低调”，不做出依依不舍的样子，不抱，不看，直接平静地离开；

⑤ 出门时用平静的语气和笨笨说“上班班”作为外出口令；

⑥ 不在笨笨哀鸣及抓门的时候进门。

刚开始，我一出门笨笨就会开始不停地哀鸣、抓门。我人还在院子里，就听见它在客厅的门后面一直不停地叫，持续时间长达10分钟以上。随着训练次数的增加，两天以后哀鸣和抓门的时间明显缩短了，变成不到半分钟，而且强度也明显减弱。一周后，只要一听我说“上班班”，它就会平静地趴在地上，一副很放松的样子。

第二节 社交能力训练

1. 什么是狗狗的社交能力

很多人在评价一只狗时，往往会用“这只狗很乖，从来不叫/不咬人/不跟别的狗打架”或者“这只狗很凶，很会叫/会咬人/咬别的狗”这样的标准。但是很遗憾，这是我们人类对狗狗缺乏了解，按照自己的道德标准对狗狗进行的不正确的分类。其实世界上没有好狗和恶狗，只有容易感到害怕和不容易害怕的狗。

当一只狗狗对接近自己的人或狗感到害怕时，它会采取要么跑，要么打的策略。这两种策略是祖先通过遗传基因留给它们的，也就是说是与生俱来的。虽然在人类看来迥然不同——采用第一种策略的似乎很胆小，而采用第二种策略的似乎很凶恶——但对于狗狗来说，无论是A计划，还是B计划，目的都是一样的：加大与威胁者的距离。

一般情况下，狗狗首先采用的都会是A计划，即逃跑。但在特定情况下，如被主人牵着绳子，或者抱在怀里，无法逃跑时，则会采取B计划。当然B计划会有不同的程度。在发动实质性攻击——扑咬之前，会有一系列的威胁性动作作为警告：最轻的是瞪眼、皱鼻子、露出牙齿，然后是低吼，接着升级到高声吠叫、空咬，最后才是真正的扑咬。如果B计划奏效了，那么今后狗狗就会先采取被实践证明是行之有效的B计划。如果B计划失效，则会自动转换成A计划。这就是为什么我们常说，遇到狗狗对你吠叫时，不要逃跑，要原地站住不动，同时避免与它对视。那样狗狗就会觉得B计划没有用，然后转成A计划——逃跑（包括走开）。

所以，其实不存在“永远都不会咬人/狗”的“乖狗狗”。如果有一只狗从来不咬人/狗，真正的原因就是它还没有碰到让它感到害怕的人/狗，或者它感到害怕时都可以采取A计划，还没有被逼到要采取B计划的地步。从来没有咬过并不代表将来也不会咬。用扑咬以及威胁性的肢体语言（准备开咬的信号）是狗狗用来解决各种大小争端的本能。

其实我们人类也是如此。我遛狗的时候经常碰到四类人。一类很喜欢狗，会走近接触狗；第二类没有特别的反应，正常地擦肩而过；第三类很怕狗，在很远的地方就会避开；第四类很凶恶，在狗接近的时候会拿脚把狗踹开。但是，如果你仔细研究一下他们的心理，就会发现其实只有两类人。第一类和第二类其实是同一类人，就是都不怕狗，只是程度不同而已。第三类和第四类实际上都是怕狗的人。当和狗狗距离太近时，他们就会因为害怕而采取自己避让或者踹狗的行为来加大和狗之间的距离。如果我牵着的是一条凶猛的藏獒，那么相信第四类人就会迅速转化成第三类人了。我们会说某人是老好人，从不与人发生争执。但这只能说明这个人还没有被挑战到他所能承受的极限而已。老好人被惹急了，也会骂人，也会打人。

我们虽然不能保证让自己家的狗狗一辈子都不攻击人/狗，或者其他动物，但是我们可以通过从小培养它们的社交能力，让它们长大后充满自信，尽量不对日常生活中常见的事物感到害怕，即使害怕，也能很快适应，那样就能最大程度地降低狗狗攻击的可能性，成为人类很好的伴侣。

2. 社交能力的培养包括哪些方面

所谓社交能力的培养就是让狗狗习惯或者喜欢自己生活环境的各种事物（声音和形象）。它包括以下几个方面。

① 人类

特别要注意让狗狗接触小孩、男人和陌生人。这三大类人是最容易让狗狗害怕的。尤其是小孩，他们的尖叫、奔跑、哭声，他们的伸手乱抓，对于狗狗来说都是非常可怕的刺激。此外，邮递员、快递员、维修工、抄水表员等，因为“形迹可疑”——靠近甚至进入“领地”，高声“吠叫”（大声喊“快递!”），来去突然，穿着奇特（制服）等，往往容易遭到警惕性强的狗狗的攻击。所以，最好从小让狗宝宝习惯这一类特殊人群。

如果你养的是大型犬，那么一定要特别注意从小让狗宝宝接触老人和小孩。这样可以避免它长大后看到这类人群因害怕而吠叫或扑咬，造成不可预料的严重后果。

② 人类对狗狗的肢体接触

包括人类的触摸，特别是伸出手去抚摸狗狗的头部及耳朵、牙齿、脚爪等敏感部位，还有把狗狗抱在怀里，梳头、剪指甲、洗脚、洗澡、吹风，给狗狗穿鞋子、穿衣服、戴牵引装备、戴口套等。如果你准备以后带它去宠物店美容的话，最好在美容之前先带它去美容部逛一逛，如果有可能，请美容师用手给它喂点零食，然后回家。这样逛了几次之后，等它不再害怕的时候，再正式带它去美容。第一次美容时，主人最好在附近观察。如果没有从小习惯，很多狗狗在第一次美容时都会因为紧张而抗拒，而不专业的美容师的粗暴行为则往往会导致狗狗以后对美容师，甚至所有陌生人产生攻击行为。

③ 同类

尽量让狗狗接触各种品种、各种大小、各种颜色的狗。如果是小型犬的话，不要因为害怕被伤害而一味不让它跟别的狗，特别是大型犬接触。相反，大型犬则特别要注意跟小型犬接触。对于有些长大后看上去会比较“吓狗”的品种，如德牧，则更是要注意让它从小和各种狗交往。不然等到它个子长大后，就会因为长得“吓狗”而没有狗伙伴，继而造成它因害怕而引起的攻击行为。

④ 常见的小动物

例如猫、鸡、兔子等。

⑤ 交通

自行车、摩托车、助动车、汽车等。

⑥ 其他

其他将来在狗狗的生活环境中可能会接触到的各种刺激。例如鞭炮声、焰火、门铃声、敲门声、电话铃声、电梯、自动扶梯等。

3. 如何对狗狗进行社交能力的培养

社交能力的培养，一定要“从娃娃抓起”。动物对陌生的事物会产生好奇和害怕的心理。而我们知道，包括人类在内的任何动物，在小的时候，好奇心都特别重，乐于探索一切陌生事物。随着长大成人（狗），胆子就会越来越小。这是因为，在年幼时，好奇心有助于动物尽快了解周围的世界。“初生牛犊不怕虎”就是这个原因。而随着年龄的增长，动物已经逐渐了解环境中对于生存所必需的事物，此时陌生事物往往就代表着潜在威胁，因此会感到害怕，并且不愿意再去冒险探索。狗狗也是这样。

因此，邓巴博士在*After You Get Your Puppy*一书里，开篇就写道：“首先要做的最紧迫的事情就是在您的狗宝宝12周之前，让它尽可能多地和各式各样的人接触，尤其是孩子、男人和陌生人。经过良好社会化训练的狗宝宝长大后会成为很棒的伴侣犬，而社会化不好的狗狗则难以接近，训练起来费时费力，并且还具有潜在的危险性。”

如果你养的是大型犬，那么就更有必要对它进行及时的社会化训练。有很多狗因咬伤了人而被处死，这是十分可悲的。因为悲剧的根源并不是狗，而是我们人类自己。

在狗狗3～5个月之前，会打开探索世界的窗户，而在这之后，这扇窗就会渐渐关闭，再对它进行社会化训练就会变得困难而缓慢。当然，如果你的狗狗已经超过了3～5个月，那么我还是强烈建议你尽快对它开始训练，毕竟“亡羊补牢，为时未晚”。

社交能力训练的要点有以下几点。

① 训练开始的时间越早越好

记住，狗狗最佳社会化时间是在它3～5月龄之前！

② 狗狗接受的刺激物（陌生事物）种类和数量越多越好

为了能让狗狗在有限的时间内接触到尽量多的刺激物，应该有意识地、系统地寻找各类刺激物。例如，还不会走路的婴儿、蹒跚学步的幼儿、会尖叫奔跑的小孩、戴帽子的男人、长胡子的男人、拄拐棍的老人、邮递员、快递员、汽车、摩托车、自行车等，越多越好。可以请朋友帮忙来扮演，并制作表格来计划和记录狗狗接触刺激物的情况。

③ 接触刺激物时，狗狗得到的反馈应该至少是中性的

如果是负面的反馈，则会让狗狗今后很害怕这类事物。如果是正面的反馈，则狗狗以后会很乐意接触这类事物。

④ 接触刺激物的方式包括经过刺激物，主人在刺激物旁给狗狗喂食或者和它游戏以及由刺激物给狗狗喂食，或者和它游戏等

如果只是带狗狗经过前面所说的刺激物，而且它也没有害怕的表示，那么它所获得的反馈就是中性的。

如果由主人在刺激物旁给狗狗喂食，和它游戏，甚至由刺激物给它喂食，跟它游戏，那么它所获得的反馈就是正面的。正面反馈越多，它的“社交能力”就越强。我曾经遇到过因社会化不足而对陌生人产生攻击行为的狗狗。主人很不解，说：“我经常带它去热闹的商圈，从人群中穿过，为什么还说是社会化不足呢？”这最主要的原因就是狗狗一直获得的只有中性反馈，从来没有获得过正面反馈。

⑤ 不能强迫狗狗接近刺激物，应诱导并耐心等待它主动接近

4. 案例

下面我就介绍一下瓯元的社交能力训练情况。

瓯元以前很胆小。

我有一次带着瓯元、瓯弟和留下三个狗兄妹在小区里散步，途中突然出现了一只老母鸡。喜爱抓鸡的留下一下就激动起来，冲过去追鸡。老母鸡被吓得一边咯咯直叫，一边扑棱着翅膀逃命。鸡主人见状，拿着扫把冲出家门追赶留下。瓯弟则乘乱一边追留下一边兴奋地尖声高叫。一时间，真是鸡飞狗跳，一片混乱。等我终于抓住了留下，却发现瓯元不见了。后来才知道它早就逃到自己5楼的家门口去“躲避战乱”了。

还有一次，来家里过年的奶奶换了套新衣服，瓯元居然像不认识奶奶似的，对着她“汪汪”地叫了起来。又有一次，在小区散步的时候，迎面走来一个穿着一套睡衣睡裤的女人，瓯元也立刻冲着她叫了起来。

瓯元为什么会这么胆小？

了解瓯元在家的生活情况，我们就会明白了。

瓯元大约在2个月前来到我姐姐家。因为家里很大，足够瓯元和哥哥瓯弟在里面打闹玩耍。但这么一来，瓯元就很少有机会出门去遛了。下雨天不能出去，雨后地还没有干的时候也不能出去，因为怕把它们的身上弄脏。这是爱干净的妈妈所不能接受的。在家里拉过了大便也不能出去，原因是都已经拉过大便了，就不用出去了。这是爱偷懒的爸爸的借口。即使出门，也往往是挑选清静的草坪让两个小朋友相互追逐嬉戏，很少有跟陌生人和陌生狗接触的机会。这么一来，在小瓯元性格培养的最重要时期，就缺失了非常重要的一环——和社会接触。所以它很容易对陌生事物感到害怕。

那么胆小对瓯元的成长会有什么影响呢？

我们在前面已经了解了狗狗的A计划和B计划。如果胆小的问题不解决，就好像给它的身体里埋下了一颗定时炸弹。因为胆小，所以很多我们看来很普通的人或狗，对它来说都会是威胁者。一旦在特定的场合它觉得A计划不行的时候，就会转成B计划。那时候，人们就不会用怜惜的口吻说：啊，瓯元真胆小！而是会说：瓯元真会叫！瓯元真会咬人！瓯元真是条恶狗！

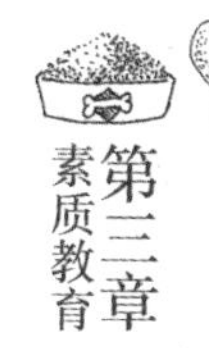

下面是瓯元的“社交能力培训表”。我们可以利用这样的表格系统地对狗狗进行社会化训练。

瓯元社交能力培训一览表（一）：和人类接触（节选）

刺激物		方式	反应	效果	时间
小孩	4岁男孩	由男孩牵绳散步	愉快，乐意跟随	正面	/
	一群6岁中外小孩	瓯元在草坪游戏时尖叫着在其身边来回跑动	没有反应	中性	/
	一群5～10岁中外小孩	尖叫、奔跑、喂食、训练、扔球、抱、摸	愉快	正面+	/

续表

刺激物		方式	反应	效果	时间
男人	50岁男清洁工（穿制服，拿扫把）	瓯元在草坪上训练时，在其身边停留观看10分钟	没有反应	中性	/
	20岁男孩（戴眼镜）	到家中聊天，坐在沙发上不动	没有反应	中性	/
女人	40岁女人	到家中聊天	没有反应	中性	/
	40岁女人（戴墨镜）	到家中聊天，由主人喂食	先受到惊吓吠叫，喂食后安静	正面-	/
老人	70岁白发奶奶	到家中聊天，由主人喂食	先受到惊吓吠叫，喂食后安静	正面-	/
	70岁白发奶奶	路边经过，由主人喂食	先受到惊吓吠叫，喂食后安静	正面-	/

瓯元社交能力培训一览表（二）：和同类接触（节选）

刺激物		方式	反应	效果	时间
小型犬	泰迪（王小嘟）	松绳玩	愉快	正面+	/
	6岁泰迪（丰儿）	松绳疯玩	非常愉快	正面+	/
	3个月黑贵宾（柚柚）	松绳疯玩	非常愉快	正面+	/
中大型犬	1岁金毛	相互闻气味	从小心地接近到邀请对方玩	正面	/
	边牧	狭路相逢，对方突然吠叫，由主人喂食	害怕，喂食后平静	负面	/
	伯恩山犬（Cash）	相互闻味	略显害怕，小心地接近	中性-	/
	2岁黑色拉布拉多（维尼）	松绳疯玩	非常愉快	正面+	/
	金毛（Socks）	松绳疯玩	非常愉快	正面+	/

瓯元社交能力培训一览表（三）：和其他刺激物接触（节选）

刺激物		方式	反应	效果	时间
车辆	轿车	从小马路步行至宠物店购物，路上偶有轿车经过	平和	正面	/
	大卡车	鸣笛从近旁经过，又突然倒车，由主人牵绳停住，喂食	开始害怕吠叫，喂食后安静	中性+	/
	摩托车	轰鸣经过	平和	中性	/
其他	宠物商店	松绳逛店，试吃零食	开始略有害怕，对店员及顾客吠叫，止吠后由主人喂以零食，开始放松，闻包装好的商品零食	正面	/
	自动扶梯	抱着上扶梯	平和	中性	/
	便利店	买酸奶喝	愉快	正面	/

虽然瓯元8个月了才开始社交能力的训练，但是，亡羊补牢，为时未晚。经过一个月左右的训练，瓯元的变化是可喜的。出门散步的时候它充满了自信，对于经过的人和车，乃至头顶轰然掠过的飞机，都非常淡定；它开朗活泼，见到任何狗狗，无论大小均无惧意，并且非常乐于跟它们玩耍。

第三节 咬力控制训练

和社交能力训练紧迫性相同的另一项训练就是咬力控制。

按照邓巴博士的观点，狗狗必须在18周之前完成这项极其重要的训练。如果你的狗狗已经超过18周，那么赶紧补上这一课还是会有一定效果的，只是会相对来说比较困难和缓慢。

1. 什么是咬力控制以及训练咬力控制的意义

我们从上一节已经知道，经过社交能力训练的狗狗比较不容易产生攻击行为。但是这并不能保证它在任何情况下都不产生攻击行为。比方说被调皮的小孩揪疼尾巴了，或者生病的时候被医生打针了等。经过咬力控制的狗狗就能够在被迫产生攻击行为时，很好地控制自己咬的力度，甚至知道不能碰触人类敏感的皮肤，从而将伤害的后果降至最低。而没有经过咬力控制训练的狗狗，则会在这种情况下，因为不懂得轻重，而无心造成不同程度的伤害。如果说社交能力训练是我们预防狗狗对人类产生伤害事件的第一道关卡，那么咬力控制就是第二道关卡。

家长们，尤其是大型犬的家长们，请一定要给自家的狗宝宝做咬力控制训练！

2. 如何进行咬力控制训练

咬力控制的关键，第一在于给狗狗反馈，让它知道自己刚才咬重了。第二在于后果，让它知道自己下嘴重了会产生怎样的后果。（这里

的后果是指对狗狗而言。）

咬力控制的练习可以分为三部分。

第一部分：狗和狗之间的练习

如果在自然状态下，一窝出生的小狗崽每天会相互扑咬嬉戏。如果一只狗狗不小心咬重了，被咬的那一只就会“啊呜”地叫一下，然后暂停游戏。这样狗狗就知道自己把对方咬痛了，而且知道如果自己把对方咬痛了，对方就不跟自己玩了。这样，下一次它就会调整咬的力度。因此，如果是经常能跟同龄的狗狗这样玩的狗宝宝，就会很自然地学会如何控制自己的咬力，长大后就不容易造成严重的伤害事故。

但是，我们现在家养的宠物狗，绝大多数还在2～3个月大的时候就被迫离开了自己的小伙伴，进入了人类社会。而且因为免疫的原因，会在家里长到至少3个月以后才有机会第一次到外面的世界，见到自己的同类。这样，狗宝宝就失去了最佳的咬力控制锻炼机会。

为了弥补这个损失，家长最好把狗宝宝送到小狗训练学校，使宝宝获得跟同龄狗游戏的机会。或者设法寻找有同龄狗狗的家庭，经常让狗宝宝在一起聚会。

当然，在给狗宝宝创造和同龄狗游戏机会的同时，家长一定要特别注意狗狗的健康。不到5个月的狗宝宝免疫系统还没有发育完全，容易感染疾病，因此选择小狗训练学校时一定要问清卫生消毒情况，并且不要让狗狗在户外玩。户外地面上，尤其是草坪上别的狗狗留下的大小便很容易让弱小的狗宝宝染病，因此，此时和同龄狗狗聚会的地点最好选在室内。在带狗宝宝去小伙伴家约会时应把狗狗抱在怀里，等进了家门再放下来。主人进家门时要换鞋，以免通过鞋底将户外的病菌带到家里。

第二部分：狗和人之间的练习

如果实在找不到适龄的小狗和自家的狗宝宝做游戏，可以用狗和人之间的练习替代。同时，由于人类的皮肤要比狗狗厚实的毛皮敏感得多，因此，即使能找到狗伙伴做游戏，也应该通过这一部分的练习让狗狗明白该如何跟人类接触。毕竟，咬伤了狗事小，咬伤了人事大。

我们可以通过以下两种方法来进行这个练习。

（1）**扑咬游戏** 主人把小狗扑倒在地上，一边跟它打闹，一边把手伸进小狗的嘴里让它咬，就像小狗之间的打闹一样。狗宝宝会非常喜欢这样玩。

一旦狗狗咬得有点重了，主人要“啊呜”大叫一声，并立即中断游戏，从狗狗身边逃开，并且假装舔舔自己的“伤口”。

等稍微过一会儿再重新开始游戏。

这样逐渐提高标准，也就是让狗狗咬的力度变得越来越小。

最后可以把手放在狗狗的嘴边，不伸进去。如果狗狗张嘴碰到你的皮肤的话，也要跟前面一样给狗狗反馈，并中断游戏。这样，狗狗就会知道你们人类的皮肤真是太娇嫩了，碰也碰不得。

做这个练习要注意以下几点。

① 游戏中断的时间跟狗狗咬的力度成正比

如果咬得很重，真的让人感到很疼的话，就要多舔一会儿伤口，多中断一会儿。如果不那么重，只是为了提高标准而假装很疼的话，稍微休息一会儿就可以啦！休息的时间以狗狗没有失去游戏的兴致，仍然眼巴巴地期望你继续游戏为宜。

② 游戏的开始和结束必须由主人决定

如果狗宝宝主动来扑咬你，想跟你玩，不要理它！等它安静下来再玩。结束的时候可以用一个游戏结束的口令，例如“下课”，然后果断结束游戏。

③ 尽量请不同的人来跟狗狗玩这个游戏

这样有利于狗狗把咬力控制普遍化到所有人类。先由成年人玩，等狗狗能控制不碰到皮肤时，再请小朋友在成人的监督下做同样的训练。

④ 避免误伤

刚开始训练时，最好戴上手套，以免真的被幼犬咬痛。此外，在没有戴手套的情况下，当狗狗用力咬住主人的手时，不要强行抽出手，那样反而容易被它尖锐的牙齿划伤。可以在“啊呜”尖叫一声的同时，另一只手握空杯状，用五指轻叩狗狗的头顶，在它松开牙齿的一瞬间再抽回。

（2）**用手喂食** 用手指捏着食物给狗狗吃。如果狗狗咬痛手指的话，就跟上一个练习一样，立即“啊呜”大叫一声后逃开，同时取消给狗狗的食物，“疗伤”一会儿再重新开始。逐步提高标准，直到狗狗在咬取食物的时候，牙齿不会碰到手指为止。

我们留下以前没有做这个训练的时候，当我用手指给它吃鸡胸肉、火腿肠之类的食物时，就常常会因为迫不及待而咬痛我的手指，有一次还把外婆的指甲咬到淤血了半年才痊愈。后来我开始给它反馈。当我“啊呜”大叫一声逃开时，它会用充满歉意的眼神看着我，好像在说：“对不起，我不是故意的！”当我再给它喂食的时候，它会先退后几步，然后小心翼翼地从我手里把食物叼走，生怕再咬痛我。

做这个练习要注意以下几点。

① **食物的品种由低级到高级**

先用“普通”食物，即不是狗狗最迷恋的食物，例如狗粮、饼干等开始练习。等达到要求后，再用“高级”食物，即狗狗非常喜欢的食物，例如鸡胸肉、冻肝等，重新练习。因为对于普通食物，狗狗不会那么“急吼吼”，所以不容易咬到手指。而对于狗狗的大爱，则很有可能因为急于吃到食物而咬到主人的手指。

② **食物的尺寸由大到小**

先用稍大一点的食物开始练习。等到不会咬到手指后，再换成小一点的尺寸，“引诱”狗狗咬到手指。重新开始练习。等小一号的尺寸也能达标后，再减小尺寸。直到拿着再小的食物也不会咬到手指为止。

刚开始练习的时候，食物的大小为用手指捏住后，露出指端1厘米不到。然后逐步减小。最后到露出指端1毫米左右。

如果食物很小，狗狗最后会学会用舌头把食物舔走，而不会用牙齿咬。我曾经这样给一条大狼狗一粒一粒地喂剥了壳的瓜子肉而从来没有被它咬到过手指。

③ **先做专门的练习掌握要求，再通过做其他训练奖励的时候进行巩固**

刚开始先通过专门的练习让狗狗掌握要求，即准备一些练习用的食物，让它坐下后，用手指喂食。如果咬到手指，就取消食物，暂停后重新开始。这样反复十次左右作为一节课。可以利用用餐时间，将狗狗的部分口粮用这样的方法喂食来作为练习。

等狗狗掌握要求后，可以将这个练习贯穿到所有其他训练中。在进行其他训练需要对狗狗进行食物奖励时，都可以用同样的标准来进行。这样可以很好地巩固成绩。

④ 请不同的人来做这个练习

这也是为了让狗狗能把同样的要求普遍化到所有人类。

我的做法是，凡是刚到我家来的客人，我都会让他们给留下喂点零食，这样既可以让留下迅速对他们停止吠叫，产生好感，还能不显山不露水地让客人帮我做一下这个练习，呵呵。

第三部分：狗和其他小动物之间的练习

这部分练习不是必要的，但是如果有机会，或者狗狗将来有可能要跟其他小动物，例如猫、兔子、鸡等相处的话，建议也要让狗宝宝练习一下。

这个练习的目的是让狗狗能了解这些小动物的承受能力，将来长大之后能够温柔地对待它们。

练习的方法很简单，就是和第一部分的练习一样，创造让狗宝宝和其他动物宝宝一起游戏的机会。要注意的是，刚开始的时候必须处在家长的监控之下，以免狗狗误伤这些弱小的朋友。同时也避免狗狗被猫抓伤，或者被鸡啄伤眼睛。同时要确保这些小动物是健康的，以免将疾病传染给狗宝宝。

瓯元和笨笨到我家来培训的时候，正好我收养了5只不足月的小猫。经过几天相处之后，两只狗狗都已经能很温柔地跟小猫打闹了。

第四章 如何做狗狗的首领

第一节 做首领对管理狗狗的意义

在英国驯犬师简·费奈尔的畅销书《狗狗的心事——它和你想得大不一样》以及美国国家地理频道收视率最高的节目之一《报告狗班长》(*Dog whisperer*)中都提到了做受到狗狗承认的首领，对于成功驯犬的重要意义。虽然做狗首领并不能解决一切问题，但根据我的亲身实践，如果主人能成为狗宝宝眼中的权威首领，确实能轻易解决不少问题，尤其是在纠正成年犬的行为问题时。

我们知道，犬是社会动物，在犬类的群体里是必须有一个首领的。当狗狗进入到我们人类家庭后，它就会很自然地把一起生活的主人一家和自己看成是一个群体。如果在它眼里，主人不够格当首领的话，它就会义不容辞地担当起首领的重任。而事实上，在人类社会中，狗狗是无法担此重任的。如果狗狗自视为首领的话，就会带来很多问题。反之，如果由主人来担当首领，就能预防和纠正这些问题。因为“首领”错位而引发的行为问题主要有以下几类。

第一类问题：为守护资源而咬伤主人

很多狗主人曾跟我抱怨说：“我们家的狗狗今天疯了，居然咬我!”而主人之所以说自家的狗狗“疯了”，当然是因为狗狗平时很乖。究其原因，就会发现要么是主人企图去拿走狗狗吃剩的食物，要么是想去收走狗狗的玩具，或者是心血来潮，想把它赶下平时一直霸占的沙发。还有一种情况比较特殊，就是狗狗在发情期遇到了中意的配偶，却被主人“棒打鸳鸯”。这些原因看似各色各样，但归根到底，都是属于守护资源的行为。

虽然我们可以理解狗狗为了守护资源而发起攻击行为，但是要知道，狗狗一般是不敢对自己的首领发动攻击的，不要说咬，甚至连最低级别的警告“低吼”都不敢发出。

因此，要避免主人被狗狗误伤，尤其是家中有小孩的话，务必让狗狗明白自己是家中级别最低的成员。

第二类问题：因为安全感缺失而引发的攻击行为

从“第十一章　第一节　狗狗为什么会打架”中，我们可以知道，狗狗的大多数攻击行为是因为害怕而引起的。而主人如果能成为一个合格的狗首领，给予狗狗足够的安全感的话，这类攻击行为就会大大减少，甚至消失。

例如当两狗相遇的时候，如果一只狗对另一只狗感到害怕，而又无处可逃，就会用吠叫甚至扑咬之类的攻击行为来赶走对方。但是，如果主人是被狗狗承认的首领，而且在这种情况下又能保持淡定的话，就会把安全的信息传递给狗狗，从而让它很快放松下来，觉得完全不必害怕，当然更不需要大惊小怪地发动攻击了。

第三类问题：叫不回来

在带狗狗出去散步时最重要的就是“召回”，也就是狗狗在听到主人的召唤后能够立即回到主人身边。这样主人才能放心地让狗狗在安全地带松开绳子自由玩耍。

但我却常常看到这样的情景：主人一遍又一遍地召唤自己的狗宝贝，而调皮的狗狗却充耳不闻，只顾自己玩耍。

虽然我们可以用零食等“好处”来对狗狗进行专门的“召回”训练，但是，如果你是“狗首领”的话，让它回到你身边就会变得更加容易。因为，首领负责带领下属去打猎，而下属必须跟随首领。

我一直对留下用零食奖励的方法进行“召回”训练。在绝大多数情况下，只要我轻轻地呼唤一声，它就会立即跑回到我跟前。但是在特殊情况下，例如它瞅准机会跑去流浪猫喂养点的时候，就会对我的召唤充耳不闻，一心想先去偷吃猫粮。而这时，我只好祭出法宝，让它爸爸把它叫回来。让我羡慕嫉妒恨的是，它爸爸从来不给它吃东西，却只要坐在屋里大喝一声“留下”，它就会立即一个急刹车，乖乖地跑回家来！唯一的原因就是，它认为爸爸是家里最大的首领！！

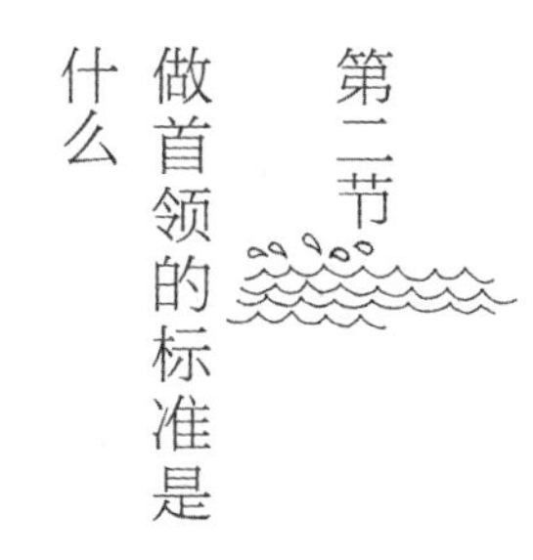

第二节 做首领的标准是什么

既然是要做狗狗的老大，最好的办法当然是虚心向狗狗学习怎么当首领啦。

我们家留下很有当首领的经验。下面就让它来告诉我们**合格首领的标准是什么**。

留下第一次当首领是2012年6月在丽江束河古镇旅游的时候。那时候它和金毛Jacky热恋了整整半个月，留下小鸟依人般地每天跟Jacky同进同出，恩爱有加。但是，从几件事情上可以看出，恩爱归恩爱，留下的女王地位还是毋庸置疑的。

第一是吃饭。

虽然那时留下已经把Jacky留宿在自己的客房内，但是一到开饭时间，它就毫不犹豫地开始清场：对着循香而来的Jacky，用最高分贝的声音"汪汪汪"地叫个不停，皱起鼻子，露出雪白的牙齿，同时还不断地冲到Jacky面前，直到把它赶出房门为止。一副"你要是敢接近我的饭碗，就对你不客气"的凶狠模样，丝毫不念"夫妻之情"。而身材是留下两倍多的Jacky居然一声不吭，乖乖地到门外的地板上趴着了。等到留下吃饱喝足，心满意足地离开食盆后，才允许可怜的Jacky来舔食自己的残羹剩饭。

这就是做首领的第一条标准：享有对食物的分配权。

只有首领才可以第一个用餐。首领不吃了，下属才能开始吃首领剩下的。

还有一次我给留下吃大棒骨。经过教育，Jacky现在已经很自觉了，在留下吃东西的时候绝对不敢接近它。这次也一样，远远地趴在地上，连看都不朝留下看。但嘴角不断淌下的哈喇子却分明暴露了它正在强忍着的内心渴望。大棒骨对于留下来说实属是块啃不动的硬骨头。舔干净了骨头上粘连的肉，又把软骨部分啃掉之后，留下对这块硬骨头失去了兴趣，离开它走到一边休息去了。我把骨头拿到远处的卫生间，让Jacky来吃。到底是大狗，几下就把大骨头给咬开了，露出了里面美味的骨髓。闻到了香味，留下起身过来巡视，发现骨头已经被咬开了，立即对着Jacky龇牙“汪汪”一叫，Jacky随即乖乖地放下了嘴里的骨头，而留下则理所当然地叼走了骨头，心安理得地开始享受Jacky的劳动成果。

这是做首领的第二条标准：享有对食物的独占权。

一切食物都是首领的，刚才是，今后也是。首领有权随时收回赏赐给下属的食物。

第二是散步。

热恋期间，留下和Jacky每天在客栈门口的小路上散步。Jacky身材高大，所以每次一出门，总是跑在了留下的前面。但当它很快跑到前面几十米之后，就会停下来回头看看留下。如果留下是在朝它的方向走，它就会站在那里，等留下快走近的时候，再快步跑一下，然后再等待。如果发现留下换了方向，Jacky就会迅速掉头来追赶。总之，Jacky虽然腿长跑得快，但它总是时时刻刻在留意留下的行动，而且总是跟随留下的方向。而留下呢，则总是自顾自地左顾右盼，想去哪里就去哪里，从来不管Jacky在哪里，仿佛知道Jacky总会跟着自己似的。

这是做首领的第三条标准：带领团队打猎的责任。

出门打猎，由首领负责带路。下属要紧跟首领，不要走丢！否则后果自负！

第三是配偶。

虽然Jacky对留下可谓百依百顺，但留下可并不专一，每次跟Jacky出门散步时，都肆无忌惮地当着Jacky的面去对别的男狗狗示好。而Jacky除了对想吃天鹅肉的土狗们示威之外，对花心的留下是不敢怒也不敢言。

这是做首领的第四条标准：享有对配偶的占有权。

所有配偶都是首领的。首领想宠爱谁就宠爱谁，下属不可觊觎亦不

可吃醋！

留下第二次当首领是2013年3月5日以来，在上海的家中跟瓯元“表弟”相处的这段时间。瓯元才7个月大，而且是在跟留下没有产生任何感情的情况下，突然来到家里的。这样的情况跟在東河和Jacky在一起的情况又有所不同。但留下照样还是老大。除了吃饭和散步之外，它还从以下方面向瓯元“表弟”表明了自己的老大地位。

第一是设立禁区。

瓯元刚进家门的时候，留下用“咄咄逼狗”的叫声和架势给它来了个下马威：不准它去厨房，不准它去餐厅，不准它上沙发，不准它进卧室。只要瓯元一有往这些禁区去的企图，留下就会立刻冲过去，对着它凶巴巴地大声吼叫。而可怜的瓯元则被吓得呜咽了整整一天。大概是看瓯元还算老实，又或许是管得实在太累了，从第二天开始，留下放宽了管理。除了开饭时间不允许瓯元进厨房和餐厅外，对于其他都已经是睁一只眼闭一只眼了。但是一到晚上睡觉的时候，只要瓯元一跳上我和留下睡觉的大床，它都会立即把瓯元赶下床去。甚至当瓯元半夜三更偷偷摸摸地跳上床来的时候，睡得正香的留下也会一咕噜起身，精神抖擞地和瓯元展开战斗，直到把它赶出卧室为止。

所以，做首领的第五条标准：享有领地权。

首领有权在家里划分禁区，未经允许，下属不得擅自闯入。而首领的床铺则是最神圣不可侵犯的，未经邀请，不允许上首领的床！

第二是看门。

我们家在一楼，透过客厅的落地玻璃门可以清楚地观察到院子外面的动静。留下和瓯元就自动担当起了看门的职责，一有什么风吹草动，就会冲到门口“汪汪”大叫。

仔细观察，就会发现一个有趣的现象。瓯元因为是初来乍到，对周围情况不熟，所以无论谁经过门口，都会大惊小怪地冲过去大叫一番。而留下则是有区分的。它趴在地上睡觉也能知道来的是什么人。如果是每天都会经过的邻居，则无论瓯元怎么叫，它都很淡定地趴在地上不动。而瓯元叫了几声之后，如果看到留下没有反应，就会知道其实危险并不存在，就自动偃旗息鼓了。如果是陌生人，那么在听到瓯元叫了

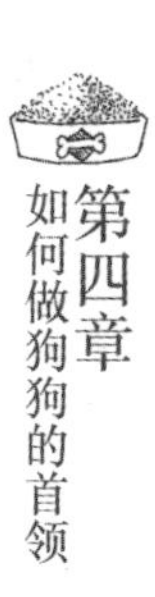

几声之后，留下会起身到门口观察一下情况，然后帮着表弟一起叫上几声。等陌生人走到安全距离之外后，就会停止吠叫。而对于邮递员、快递员之类留下认为很具有威胁性的人，它通常会比瓯元提前反应。它会冲到门口高声快速地叫上几声，然后很激动地冲到我面前，用眼神告诉我有情况。如果我跟着它往门口走了，它就会立即返身冲到门口继续又叫又跳，警告来敌。而这种时候，瓯元则会在没有搞清状况的情况下就毫不犹豫地跟着留下一起叫。

这是做首领的第六条标准：保持淡定。

下属是很容易受首领情绪影响的。如果首领表现出很紧张甚至惊慌失措的样子，那么下属就会觉得危险很大，会更加惊恐。相反，首领如果表现淡定的话，就会把安全的信息传递给下属，从而让下属很快地安定下来。

第三是遭遇危险时。

有一天，我们在草坪上遇到一只2岁的松狮辛巴。

留下胆小，它向来是先选择A计划，看到大狗都是采取“惹不起，躲得起”的态度，所以早就离得远远地冷眼旁观了。而瓯元还是充满好奇地跟我待在辛巴附近。没想到，辛巴突然朝瓯元追了过去，一边追还一边不停地吠叫。被吓了一大跳的瓯元抱头鼠窜。但小瓯元哪里跑得过身形矫健的辛巴！很快它就被辛巴追上了。辛巴冲着它高声地吠叫着，看上去好像就要咬到它似的。这时候，很有意思的一幕出现了：被逼上绝路的小瓯元，迅速地从失败了的A计划切换到了B计划，它狠了狠心，索性停住了脚步，露出上下两排白森森的牙齿，用比辛巴还要高一度的声音大声地吠叫起来。大概是看到表弟遇险，早就躲在远处的留下，前嫌尽释，突然奋不顾身地冲了过来，帮着表弟一起对着辛巴吠叫。看到姐弟同心，身材高大的辛巴显得有点手足无措，终于停止叫声，后退了。

从这里我们可以学到做首领的第七条标准：在险境中保护下属的责任。遇到危险时无论你自己有多害怕，都有责任保护下属。

除了给Jacky和瓯元这两只狗当过首领之外，留下还是家里几只从小收养的孤儿猫的首领。留下3岁时，四只才十几天大就不幸失去了妈妈的孤儿猫来到了我家。从那时候起，留下就一直以小猫们的首领自居。如果小猫们调皮捣蛋，例如在家里横冲直撞或者抓家具什么的，它就会立即冲过去干预。小猫们也很尊重留下这位狗姐姐：每次我带着它外出回来，猫儿们就会从四处围拢来，亲一亲留下的嘴表示问候，而留下则会很有风度地站住，淡定地接受猫儿们的问候，然后继续前进。但是它从来不会主动去问候猫儿们，也从来不会给予猫弟妹们同样热情的回应。而每次我或者它爸爸回到家时，它总是会很激动地上前来又舔又抱地主动问候我们。

这是做首领的又一条重要标准：重新聚首时，下属应主动问候首领，而首领只要淡定地接受问候就可以了，不用给予同等程度的回应！

虽然琼·唐纳森的观点是从小对狗狗进行教育，让狗狗能融入我们人类的文化，但要纠正那些没有机会接受人类同化教育的狗狗的所谓“不良”行为，最好的办法恐怕就是学做狗狗的首领，用狗狗的语言来把它们引上正路。

让我们来总结一下做首领的标准。

（1）首领享受的权利

① 对食物的分配权；

② 对食物的独占权；

③ 对配偶的占有权；

④ 领地权；

⑤ 重聚时被问候的权利。

（2）首领肩负的责任

① 带领团队打猎；

② 在险境中保护下属。

（3）首领的基本素质

任何情况下保持淡定！

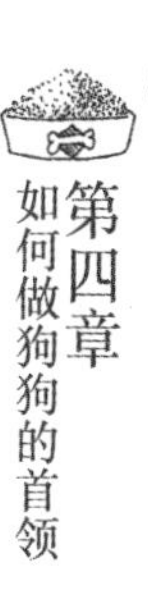

第三节 人类如何做狗狗的首领

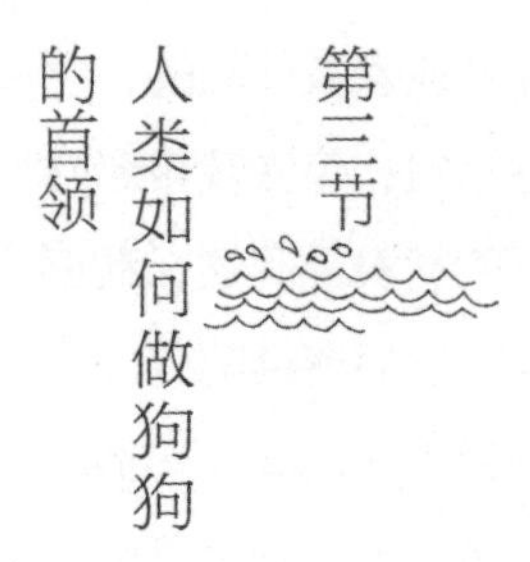

很多主人以为自己给狗狗吃的喝的甚至穿的用的，还天天带它出去散步，理所当然就是狗狗的首领。但事实上，如果你的一举一动不符合狗狗关于一个有威望的首领的标准的话，它不但不会把你当成首领，还会勉为其难，自己担当起首领的重任，结果给主人带来一系列的问题。

下面就让我们对照狗狗的标准来看看怎样才能让狗狗把主人视为首领，以及哪些行为会让狗狗把主人视为下属。

1. 首领享受的权利

（1）对食物的分配权（**参见“第七章　第一节　树立首领权威”****）**

角色	行为
首领	给狗狗吃饭前，先当着它的面假装从它的碗里吃一口。
	把食盆放在狗狗面前，发出允许信号后狗狗才可以开始吃。
	主人自己在用餐的时候从不在中途从餐桌上给狗狗食物。
	主人在吃零食的时候从不和狗狗同时分享。
下属	把食盆直接放在地上让狗狗吃，主人从不当面假装先吃一口。
	食盆放在地上，狗狗把嘴伸过来抢食的时候，主人从不加以阻止。
	主人自己在用餐的时候经常中途从餐桌上给狗狗食物。
	主人在吃零食的时候和狗狗你一口我一口地分享。

（2）对食物的独占权（参见“第七章　第一节　树立首领权威”）

角色	行为
首领	给狗狗吃饭时，中途返回拿走食盆，假装闻一闻或吃一口之后再还给它。
	给狗狗吃咬胶、骨头之类无法一口吞下的零食时，经常中途返回拿走食物，假装闻一闻或者吃一口之后再还给它。
	狗狗在地上捡到肉骨头之类的垃圾时，立即走到它跟前，要求它吐出捡来的垃圾，拿走后换成允许吃的零食给它。
	见到狗狗准备去捡地上的垃圾来吃的时候，厉声说“不”，阻止它去吃，然后捡起来扔掉后，给狗狗其他的零食吃。
下属	把食盆给狗狗后，不再去碰它，直到狗狗把饭吃完为止。
	给狗狗咬胶、肉骨头之类的零食之后，不会再把零食拿回来，而是让狗狗自己吃完为止。
	狗狗在地上捡垃圾时从不出手阻止。

（3）对配偶的占有权

角色	行为
首领	主人经常当着自家狗狗的面去抚摸其他狗狗，尤其是同性别的。
下属	主人当着自家狗狗的面去抚摸其他狗狗，如果自家的狗狗“吃醋”则立即终止抚摸，并离开其他狗狗。

（4）领地权

角色	行为
首领	不允许狗狗未经邀请上主人的床。如果狗狗自己跳上床，立即用肢体语言进行驱赶，让它自动跳下床。
	主人不希望狗狗在某个时间到某个领域时，将它“驱逐”到界线外。例如主人在厨房做饭时，将它赶到厨房门外；主人在拖地时，将它赶到正在清洁的房间以外；主人要看电视时把它赶下沙发等。
	狗狗躺在地上挡住主人去路时，不绕道或者从它身上跨过，而是直接走到它身边停住，等它起身让开后再通过。
	准备进出门时，如果狗狗在主人前面冲到门边，先让其退后，等主人先进/出门后，再让它通行。

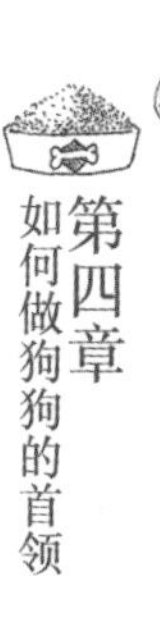

续表

角色	行为
首领	注意：① 和“夺食”一样，在“驱逐”狗狗或者要求它“让路”时也不要用武力强行把它推走，或不断高声嚷嚷“走开走开”，而只需冷静地逼近它，直视其眼睛，耐心等待它自己后退，如果不后退，可以用腿轻触其身体，迫使其后退。 ② 在“夺食”或者“夺取”其他物品，以及“驱逐”狗狗的时候，主人一定要有充分的自信，告诉自己“这个东西是我的！”，“这个地盘是我的！”，要有“此山是我开，此树是我栽”的气势。
下属	允许狗狗占领家中的任何地方，包括主人的床。
	从来不“驱逐”狗狗。
	从来不要求狗狗让路。当狗狗挡道时，总是绕行或者从它身上跨过。
	进/出家门时，任由狗狗冲在前面先进/出门。

(5)重聚时被问候的权利

角色	行为
首领	重聚时狗狗主动来问候主人，主人只是淡定地接受问候，不给予回应。
下属	重聚时主人主动问候狗狗，或者当狗狗问候主人时，激动地给予拥抱、亲吻等热烈的回应。

2. 首领肩负的责任

(1)带领团队打猎

角色	行为
首领	“打猎”途中给狗狗系上牵引绳，让它“随行”，不允许它拉扯着牵引绳冲在前面。
	“打猎”时主人决定路线，并且经常改变路线。
	注意：只要牵引绳保持松弛状态，并且是由主人决定前进的方向，那么狗狗即使走在主人前面也是完全允许的。同样的，如果是在松开绳子的状态下，也可以允许狗狗跑到主人前面。
下属	“打猎”途中狗狗拉扯着牵引绳在前面跑，主人在后面跟着跑。
	“打猎”时由狗狗决定路线，主人在后面跟随。

（2）在险境中保护下属

角色	行为
首领	遇到让自家狗狗害怕的狗时，主人能在狗狗自卫之前让对方走开。
	注意：害不害怕不是由主人说了算，而是由狗狗说了算。主人应观察狗狗是否有紧张的情绪和发出警告（参见“第十一章　第二节　打架的形式有哪些”），不要自认为对方的狗狗没有伤害性，而强迫狗狗去和对方接近，或者放任不管。
下属	遇到让自家狗狗害怕的狗时，主人放任不管，让狗狗自己逃跑，或者任由狗狗通过攻击行为将对方赶跑。

3. 首领的基本素质

任何情况下都保持淡定！

我在前言里提到过，留下刚来的时候有一次在河边跑，我怕它掉进河里，就在后面拼命追赶，边追边声嘶力竭地尖叫“留下，回来！”。现在看来，那是完全没有一个首领风范的，留下自然也不会听我，反而发了疯似的在岸边狂奔，引我去追它玩。

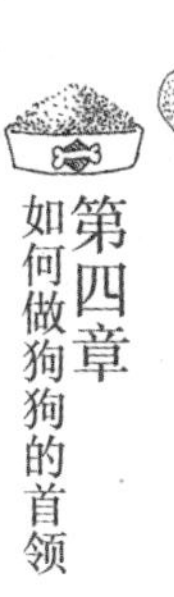

又例如我经常见到有一些小型犬的主人，在遇到大型犬时，把牵引绳拉得紧紧的，生怕对方咬到自家的小狗。殊不知，主人的紧张情绪会通过拉紧的牵引绳传达给狗狗，更加让狗狗觉得对方是个可怕的家伙。而拉紧的牵引绳又让狗狗无路可逃，于是只好孤注一掷，对着大狗狂叫甚至扑咬。这样的主人显然不是合格的首领，因为他无法给自家的狗狗带来安全感。

我认识一只叫小黑的混血西施犬。因为社交能力的欠缺，小黑见到任何狗狗都会由于害怕而狂叫，做出一副要攻击的样子。每逢这时，它妈妈总是生气地高声责骂“别叫！再叫我打你了！”，甚至还会真的打上它几下。但是妈妈打骂得越厉害，小黑也会叫得越凶。因为妈妈的这种狂躁情绪，只会让小黑觉得自己的害怕是有道理的。

只有保持淡定的首领，才能给狗狗充分的安全感，让狗狗产生信任感。

第五章 坏习惯的预防及纠正

第一节 叫不回来

经常有一些主人会一遍又一遍地召唤着远处的狗狗，而狗狗却充耳不闻，自顾继续做着自己感兴趣的事情：跟小伙伴玩耍，闻草坪上的气味等。还有些主人一直小心翼翼地抓着狗狗的牵引绳，任何时候都不敢松开，因为“一松开就叫不回来了”！

狗狗一放开就叫不回来，是最常见的行为问题之一。

1. 无法召回的坏习惯是如何养成的

让我们先来看看狗狗是如何养成这个坏习惯的。

还记得狗宝宝刚到家的时候吗？两三个月大的狗狗是最招人喜爱的。它总是喜欢跟在主人身边，只要主人一叫它的名字，甚至不用叫名字，只要蹲下来朝它拍拍手，它就会立刻乐颠颠地跑到主人身边。

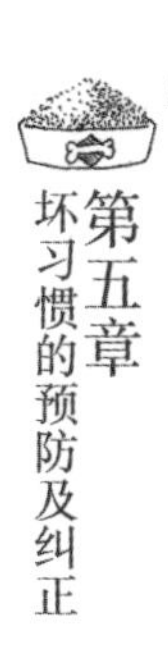

主人觉得好玩极了，于是常常叫狗狗的名字逗它玩。等它过来的时候，就摸摸它毛茸茸的小脑袋，或者什么也不做，只是想看看它是否真的知道自己的名字。

短暂的“蜜月期”很快过去了，小家伙开始不时地闯祸：在地毯上撒尿，咬坏家里的衣物，偷吃各种东西……主人每次发现“罪证”的时候，就会大叫狗狗的名字，等它来到跟前后一顿打骂。这以后，狗狗学会了“察言观色”：如果主人叫自己名字的时候是一副生气的样子，就夹着尾巴躲到桌子底下，免得过去又挨打。它不再像以前一样，只要主人一叫，任何时候都会立即开心地跑过去了。当然，只要主人不生气，它还是很乐于听从主人的召唤的。

到了可以出门的年龄，主人开始带狗宝宝到户外去散步。青草、鲜花、蝴蝶、小猫、狗伙伴……外面的世界对于第一次出门的狗宝宝来说是那么的刺激、有趣，它在草坪上流连忘返。这时，主人叫它的名字了，它赶紧跑到主人跟前。谁知主人随即给它系上了牵引绳，拉着它离开了草坪，回家了！聪明的狗狗很快发现，每次只要自己听从主人召唤回到他跟前，在外面玩耍的好事就立即结束了。于是下次主人再叫的时候，它只是远远地抬头看一眼主人。当它发现主人还站在原地时，就假装没听见，低头继续玩。

主人发现平时一叫就过来的狗宝宝这次居然毫无反应，以为它没有听见，于是提高了嗓门继续叫宝宝的名字。这次，狗狗连头都懒得抬了。因为它听到主人的声音就知道主人还在原地等着自己，所以放心大胆地继续玩。

主人有些生气了，于是一边喊着狗狗的名字，一边向它跑过去，想把它抓住。玩心正重的狗狗以为主人和小伙伴一样来和自己玩“追逐”游戏了，于是调皮地朝远处跑去，以便能让主人不停地追自己。现在，狗狗听到主人叫自己的名字，就知道他在和自己“玩游戏”。于是，主人喊得越大声，狗狗跑得越不亦乐乎。

就这样，没过多久，狗狗就变成了本节开头所描述的那样！

还记得我们在“第二章　第一节　基本原理”中提请读者要记住的话吗？对了，“狗狗总是努力让好事开始，坏事结束；避免好事结束，坏事开始”！当狗狗逐渐发现自己听从主人的召唤后，得到的不是“好事结束”——终止玩耍，就是“坏事开始”——挨打受罚，以后当然就不会再听从召唤啦！而当狗狗对主人的召唤置之不理时，得到的后果是“好事继续”——可以继续再玩；或者是“好事开始”——主人来和自己玩追逐游戏！结果这种行为就得到了强化。

因此，要想让狗狗在任何情况下听到主人召唤，都能乖乖地前来，**关键就是主人在任何时候召唤了狗狗之后，总是能让狗狗觉得“好事要开始了”，永远都不会在召唤之后让“坏事开始”！**

我常常会提醒狗主人，如果你实在一定要打骂狗狗，那么至少应该自己走到它跟前去惩罚，而不要坐在远处，把它叫到跟前来打一顿！

2. 我刚养了一只小狗，如何预防养成无法召回的习惯

从小进行“召回”的训练！

第一单元：室内专项训练

① 主人站在距离狗狗2~3米处，先叫它的名字，以引起注意。当它抬头看主人时，立即侧身，弯腰，回视狗狗，同时有节奏地拍手，诱导它前来。整套动作作为“召回”的手势。

② 等狗狗来到跟前时，立即奖励。

③ 重复步骤①~②3~4次，等狗狗熟练之后，开始在手势前加上口令“来”。（同样地，口令前面要加上狗狗的名字，以引起注意。例如“留下，来！”）先发口令，停顿1~2秒后，再加上手势。

④ 等狗狗来到跟前时，立即奖励。

⑤ 重复步骤③~④3~4次，每次逐渐延长口令和手势之间的停顿，直到狗狗听到口令就已经开始反应。

⑥ 等狗狗熟悉口令之后，开始分别单独用口令或手势进行训练，直到狗狗无论是听到口令还是看到手势都能迅速前来。然后进入下一单元。

第二单元：室内实战训练

① 乘狗狗不注意的时候，例如趴在地上发呆，或者在玩自己的玩具，或者在另一个房间里时，对它随机进行上一单元的“召回”训练。

② 注意刚开始先用口令+手势，成功召回3~4次后，可以开始分别单独用口令或手势进行召回。

③ 等狗狗在家里任何时候都能迅速回应主人的召回

柚柚看到召回手势向主人跑去

指令时，可以进入下一单元。

第三单元：户外专项训练

① 开始带狗狗到户外训练“召回”的时候，一定要选择一处安静的地方，以免狗狗的注意力受到影响。

② 松开牵引绳，让狗狗跑开几分钟，然后用口令+手势将其召回。奖励后再让它自由活动。

③ 成功召回3～4次后，可以开始分别单独用口令或手势进行召回。

④ 等狗狗在户外安静的地方任何时候都能迅速回应主人的召回指令时，可以进入下一单元。

小贴士

① 可以在散步途中，将牵引绳松开，让狗狗自由活动几分钟。然后召回，继续前进。过一会儿再重复“松绳—自由活动—召回—前进”的过程。这时，能够继续前进就是很好的奖励，不一定每次都需要用零食进行奖励。

② 如果是两个人带狗狗出去，两人可以在安全的地方分开数米站好。然后一人先将狗狗召回，奖励后，另一人再将狗狗召回。如此反复，让狗狗在两人之间奔跑。狗狗会非常喜欢这样的互动游戏。

第四单元：户外实战训练

① 在户外让狗狗松绳自由活动，然后乘其不注意时召回。奖励后再让它自由活动。

② 重复3～4次“召回—奖励—自由活动”的过程，最后一次召回后，给狗狗系上牵引绳，奖励后带它回家。

③ 刚开始训练时，不要在狗狗玩得最兴奋时，而应该在它差不多玩累时进行召回。

④ 召回后可以让它休息几秒钟，再自由活动。每次休息的时间要有变化，逐渐延长。

⑤ 如果主人发出召回指令后，狗狗没有立即反应，而是继续在做

自己的事（闻气味、尿尿、游戏等），好像没听见一样，主人不要不停地重复指令，而应立即坚定而缓慢地往反方向走。不要担心它没有听见，因为狗狗的听觉灵敏度大约是人类的16倍！只不过它们跟小孩子一样，经常会“选择性失聪”。

等狗狗追上来后，根据情况进行不同级别的奖励。如果反应很慢，就口头表扬；如果反应较快，就用普通食物奖励；如果反应很快，就用高级食物奖励。以后狗狗回来的速度就会越来越快了！

切忌狗狗回来后，对它进行打骂：叫你怎么没反应？还记得我们说过的关于奖励和惩罚的及时性吗？狗狗主动回到主人身边后，对它进行责罚，其实是在惩罚它“回到主人身边”这个行为。

如果你忍不住想发火，就想想自己小时候和小伙伴们玩得正开心的时候，你妈喊你回家吃饭，你是立即就回家呢，还是会说“等一会儿！”或者干脆装没听见？如果没有足够的动力，你凭什么要求狗狗听见你的叫声每次都立即回到你身边呢？

小贴士

① 如果是天热的时候，将玩累的狗狗召回给它水喝，也是一种很好的奖励。

② 自由活动的权利就是对狗狗最好的奖励，所以不需要每次召回后都进行食物奖励。

③ 最好把就餐时间安排在回家后。那样玩得饥肠辘辘的狗狗就会觉得回家也是好事！

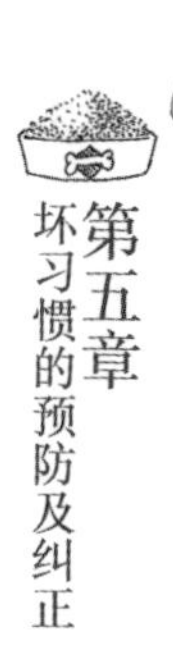

3. 如何纠正狗狗无法召回的坏习惯

对于已经养成无法召回习惯的狗狗，纠正的方法和上面所介绍的预防方法相同。但是要特别注意以下几点。

① 主人应立即终止把狗狗叫过来进行责罚的行为。牢记“召回=好事”的原则！

② 在户外实战训练中，召回的指令只发一遍。如果主人走了狗狗

也没有反应，主人可以就近躲好，并观察狗狗的行动。等狗狗着急地找了一会儿后再现身。

③ 刚开始进行召回训练时，如果主人做出召回的“手势”狗狗仍然没有反应，主人可以加快拍手的节奏，同时用侧身弯腰的姿势往和狗狗相反的方向快速奔跑，以刺激狗狗前来追逐。等狗狗跑到跟前时立即奖励。

④ 使用新的召回口令。如果在进行纠正训练之前，主人经常用“来”作为召唤口令，而狗狗常常不予理会的话，那么在进行召回训练时，最好使用一个截然不同的单词作为召回口令，例如用英语口令“come”。

⑤ 主人一定要耐心等狗狗主动回到身边！永远不要一边发出召回指令，一边向狗狗走去。

⑥ 逐渐提高标准。刚开始无论口令发出后过多长时间狗狗才回到主人身边，都要进行奖励。等狗狗掌握召回口令之后，可以逐渐提高标准，只对快速（例如口令发出后5秒内）的反应进行零食奖励，而对于较慢的反应则只给予口头表扬。

一旦成功完成“召回”训练之后，你和狗狗就可以充分享受这一课所带来的乐趣了：你可以在安全的地方松开牵引绳让狗狗尽情地撒欢，然后根据你的要求乖乖地回到你的身边，不再担心放开后会叫不回来。

当然，所有的训练都必须经常“复习”，才能巩固取得的成果。

4. 案例

在“前言”中，我曾经提到我家留下也有过装聋作哑，不肯回来的毛病。后来我开始对它进行纠正。

我准备了留下最爱吃的鸡肉条，出门的时候先给它吃了一小条，然后让它自己到草地上玩。等它跑远了，再用几乎近似“耳语”的声音轻声呼唤：留下，来！奇迹出现了！已经跑出去很远的小留下，突然无比敏捷地一个急刹车，转身朝我飞奔而来！等它到我身边后，我立即进行了奖励。重复了两三次之后，我已经可以很轻松地将留下“召回”了。

以后每次我在户外表演用“耳语”召回留下时，总会招来围观者的惊叹。因为以人类的听力，在这么远是不可能听见这么轻的声音的！

此外我还采取了发出口令后转身就走的办法。

由于狗的社会性，它们有着跟随自己群体的天性。因此通常狗狗会在主人离开后主动跟随而来。这个办法对留下尤其有效。因为它曾经流浪过，所以特别担心再把妈妈弄丢。只是后来它知道妈妈每次叫了它以后都会在原地等，或者主动走到它面前，所以才对召唤不理不睬。很多主人都是像我当时一样，在叫了狗狗以后，看到狗狗没反应，就以为它没有听到，又担心自己走了以后狗狗会找不到自己，所以只好在那里继续叫，或者走到狗狗面前。其实聪明的狗狗把这一切都看在眼里。在它不担心主人会不见的时候，当然玩是更重要的了。而当我在叫了一声以后，坚决地转身就走时，小留下立刻就飞奔而来了！

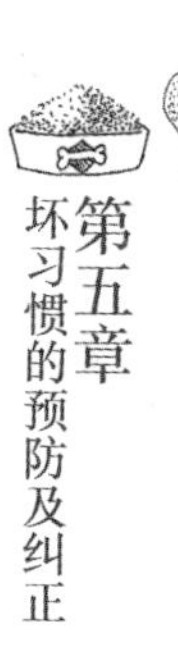

第二节 不肯系牵引绳

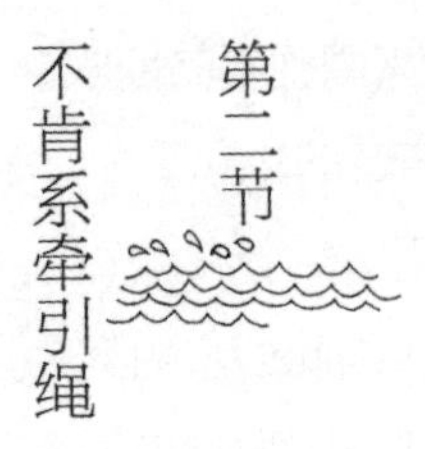

牵引绳就好像是汽车里的安全带，是带狗狗外出散步时的安全保证，因此也是带它出门散步的前提。但是很多主人在给狗狗系牵引绳的时候就像打仗一样，最后还是主人认输，让狗狗不系牵引绳就出门。

我家留下以前也是这样。因为留下来到我家时已经半岁多了，再加上刚开始的两周我也没有给它系过牵引绳，所以后来开始给它系牵引绳的时候它很抗拒。每次出门的时候，我总是先打开院子门，让早就迫不及待的留下先冲出门去，然后再拿着项圈和牵引绳去追赶它。而一看见我拿出项圈和牵引绳，它就站得远远的；我过去抓它的时候，它就在院子里转着圈跑，尽量躲着我；好不容易被我抓到了，又把身子扭来扭去，企图挣脱项圈。等到终于给它套上项圈，系好了牵引绳，带它到草地上，松开绳子让它自由玩耍之后，重新系上牵引绳又成了一项艰巨的任务。

1. 狗狗不肯系牵引绳的坏习惯是如何养成的

狗狗在大约4月龄之前，因为才离窝不久，所以总是喜欢跟在主人身边，就像跟着自己的妈妈一样。因此，很多主人往往觉得没有必要而不给小狗狗系牵引绳。

等到狗狗4~5个月大以后，主人开始想给狗狗系牵引绳了。主人拿着项圈就想往狗狗的脖子上套，狗狗本能地感到害怕，于是赶紧逃跑。

要知道，一般狗狗在3个月以前胆子最大，对什么东西都很好奇，任何陌生的东西都敢去碰一碰。通过探索，它们开始逐渐获得安全和危险的概念。而随着年龄的增长，到4~5个月后，它们的好奇心开始下降，因为那个时候它们已经认识了生存所必需的条件，而那时再出现的陌生事物，往往预示着危险。更何况是这个要套在自己脖子这个要害部位上的项圈！

这个时候，小狗狗是这么想的："这是什么东西，会对我有伤害吗？我还是小心为妙，先闪开吧！"

主人见小狗狗逃跑了，有点生气，于是一边大声呵斥，一边拿着项圈在后面追。终于在墙角逮住了小家伙，主人赶紧快速地给它戴上了项圈，并系上牵引绳。

在这个过程中，小狗狗是这么想的："哦，天哪，妈妈拿着这个东西来抓我了，还生气地大喊大叫，一定是个可怕的东西！""救命呀，妈妈把这个东西套在我脖子上了，好难受啊，果然是个可怕的东西！"

主人好不容易给狗狗系上了牵引绳，带着它出门去散步。到了草坪上，主人松开绳子让它自由活动了一会儿，然后拿着绳子向它走去，想带它回家。狗狗见这可怕的东西又来了，赶紧撒腿就跑。因为是在户外，要想追上四条腿的狗狗难度更大了。主人直跑得气喘吁吁才把狗狗抓住。气急败坏的主人给狗狗系上了牵引绳，狠狠地打了狗狗几下之后，立即带它回家了。

现在狗狗是这样看待牵引绳的："这真是个坏东西，一戴上它妈妈就会打我，还不让我再玩了！"

于是，以后只要一看见主人拿出牵引绳，狗狗就立刻想办法逃跑。因为它已经学到，"牵引绳=坏事开始"！不肯系牵引绳的习惯就这样被主人"训练"出来了！

2. 我刚养了一只小狗，如何才能轻松地给它系上牵引绳

从小进行佩戴牵引装备的训练！

第一单元：戴项圈

① 在狗狗因为免疫的原因还不可以外出散步时就尽早在家中开始训练。

② 事先让项圈沾上狗狗的气味。例如用它的垫子包裹项圈。

③ 主人在离狗狗不远处晃动项圈，吸引它主动过来。必要时，可以用零食引诱它前来。这个步骤的目的是让狗狗养成看到项圈就主动过来的习惯。记住，永远不要拿着项圈去追赶狗狗，那样会让它对项圈感到害怕。

④ 狗狗过来后，主人用一只手拿着项圈放到它鼻子下面，让它闻一下，同时用另一只手轻抚其颈部，然后在它平静的状态下轻柔地给它戴上项圈。（初次使用的项圈建议用能够快速固定的式样，例如插接搭扣式，避免因花费过长时间而造成狗狗紧张。）

⑤ 戴好项圈后，立即对狗狗进行奖励，然后松开项圈。

⑥ 重复步骤②~⑤3~4次，每次逐渐减慢戴项圈的速度，并延长戴项圈的时间。直到狗狗允许主人很从容地给自己戴上项圈，并且戴上后毫不反感。然后进入下一单元。

第二单元：系牵引绳

① 先给狗狗戴上项圈，进行口头表扬，不用食物奖励。

② 扣上牵引绳，用欢快的语调发出出发的口令，例如“走喽!”，然后拉着牵引绳在前面小跑。狗狗会很开心地跟着一起跑。过一会儿改成正常的步速。如此交替几次，然后松开项圈。

③ 重复步骤①~②3~4次为一节课。经常在家中用牵引绳带着狗狗“散步”。等狗狗可以外出时，进入下一单元。

第三单元：实战训练

① 用“召回”的口令将狗狗召唤到身边，给它戴上项圈和牵引绳，口头表扬后（刚开始的几次可以加上食物奖励，以后就不需要了，因为允许它外出就是最好的奖励!），用欢快的语调发出外出口令“走喽!”，然后打开

主人拿着项圈等待丰儿自己主动前来

门，牵着它去散步。

② 在安全的地方，松开牵引绳，让狗狗自由活动几分钟，然后将其召回，奖励后，系上牵引绳带着它继续前进。重复此步骤3～4次。

③ 最后一次松开牵引绳后，让狗狗尽情玩耍，在它玩得差不多（至少20分钟）后，将其召回，系上牵引绳，奖励之后，带它回家。

现在，狗狗的大脑里已经建立并强化了“系牵引绳=好事发生”的条件反射，你在任何时候都可以轻松地给狗狗系上牵引绳啦！注意，一定要遵守先系牵引绳再出门的顺序！永远不要让狗狗在没有戴项圈和系牵引绳的情况下出门。你可以在出门后很快将绳子松开，但一定要确保先系好绳子再出门。这样狗狗就会把戴项圈和系牵引绳跟可以出门的愉快体验联系在一起。

3. 如何纠正狗狗不肯系牵引绳的坏习惯

对于已经养成不肯系牵引绳习惯的狗狗，纠正的方法和上面所介绍的预防方法基本相同。要特别注意以下几点。

① 因为狗狗已经对项圈产生了抗拒心理，所以刚开始进行项圈训练时，应该在拿出项圈时，用零食吸引它主动来到主人身边。然后一边让它“检查”项圈的气味（确保项圈已沾有狗狗的气味），一边立即给予零食（普通级别）奖励，同时轻抚狗狗的头颈部，趁它放松时，再给它戴上项圈（注意动作要轻柔而迅速），然后立即奖励（高级零食）。

如果狗狗一看见项圈就逃，也可以在拿出项圈之前先把狗狗放到高处，例如桌子上，然后再拿出项圈让它“检查”。

② 一定要先使用能快速扣上的项圈，而且在扣上并奖励后，立即松开。逐步延长戴项圈的时间。

③ 出门前给狗狗戴项圈的时候，如果狗狗过于激动，可以先让它“坐下”，安静1秒后再戴。如果狗狗扭来扭去不让戴，甚至逃跑，主人应当着它的面把项圈放回原处，取消散步，作为惩罚。过几分钟后，再拿出项圈重试。

一定不要用追赶等可怕的动作强迫狗狗戴项圈，那样会让它对项圈有恐怖的联想，从而更加抗拒。

④ 出门后，应在安静的小路上增加“松开牵引绳—自由活动几分钟—召回—系上牵引绳—继续前进”的频次，直到狗狗不再抗拒。然后再去有狗玩伴的地方。

⑤ 最后一次将狗狗召回前，一定要让它玩尽兴。系上牵引绳后不要直接回家，可以往回家的方向走，途中找个安全的地方松绳，让狗狗玩一会儿，然后再回家。

⑥ 回家后再用正餐、零食或者和主人的互动游戏之类的奖励强化“系上牵引绳=好事开始”的条件反射。

4．案例

在了解了留下为什么会抗拒牵引绳的原因之后，我开始着手对它进行项圈和牵引绳训练。

首先，在出门之前，我一手拿着项圈和牵引绳，另一手拿着它最喜欢的鸡肉条，并让它看见鸡肉条，然后用尽量温柔的语调召唤它“来”。贪吃的小留下迅速跑到我面前坐好，等着奖赏。给它吃了一根鸡肉条之后，我不急于给它套上项圈，而是轻柔地抚摸它的头部，然后抓抓它的颈部，在它感觉很舒服的时候，顺势轻轻地套上项圈，然后立即又奖励了一根鸡肉条，这才扣上绳扣，打开房门，牵着绳子发出“走”的口令。

到了大草坪，我给留下松开绳子，让它自己去玩。过了一会儿，再将它“召回”，奖励了之后，也是跟出门时一样，轻柔地抓摸它的头颈部，然后轻轻地将绳子扣上。接着立即给予奖励。在系绳的状态下，我让它在我身边玩了一会儿，然后用无比高兴的口气说“回家喽!”，再给了丰厚的奖励，这才带它回家。

此外，我还特意将留下的就餐时间从散步前改成了散步后。这样，一回到家就可以有“好事发生”。

两三次之后，留下就已经对项圈和牵引绳毫不抗拒了。而且不需要再用鸡肉条，就可以乖乖地来到我跟前，让我系好了。当然，每次我都会记得口头表扬一下，并摸摸它的头以示鼓励。偶尔，也会再赏它点吃的。

现在估计留下是这么想的：

“哦耶，妈妈叫我过去戴项圈了！我又可以得到奖励了，还能出门玩了呢！”

“这个项圈戴上去其实一点也不疼耶！”

“哦耶，妈妈叫我过去系绳子了！我又可以得到奖励了，而且还能在妈妈身边再玩一会儿呢！”

“嘿，回家也不错呢，还能再吃到好吃的！”

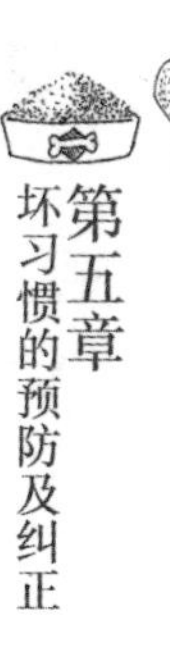

第三节 向前冲冲冲

狗狗在前面用力地往前冲，而主人则手拽牵引绳，趺趺撞撞地跟在后面跑。这种“狗遛人”的场景随处可见。为了阻止狗狗前冲，主人不得不用力收紧绳子，结果往往把狗狗勒得舌头发紫，喘不过气来，而狗狗则似乎一点也不怕疼，主人勒得越紧，它冲得越厉害。这种遛狗方式，不但把主人累得够呛，还很容易伤害狗狗的气管。

1. 狗狗向前冲的坏习惯是如何养成的

有些人认为狗狗往前冲是因为自认是首领，是对主人权威的挑衅。但事实上，刚开始，狗狗要往前冲是很自然的，跟首领的权威无关：因为狗狗很兴奋，还因为四条腿的狗狗本来走路就比两条腿的主人要快得多。当然，如果任由狗狗一直拖着主人按照自己的意愿前进，就变成由狗狗来决定“打猎”路线，这就和首领权威有关了！

而当狗狗努力往前冲时，主人不由自主地加快了步伐跟随狗狗前进。这样就让狗狗觉得向前冲这个行为是很有效果的。所以，当下次主人勒紧牵引绳时，狗狗会更用力地往前冲。这个行为就在不知不觉中被主人自己的行为所强化了！

2. 我刚养了一只小狗，如何才能预防它养成向前冲的坏习惯

从小进行“随行”的训练！

① 坚持“红灯停，绿灯行”的原则

当狗狗开始向前冲，使牵引绳绷紧时，主人立即“亮起红灯”，站

在原地不动；当它停止前冲，并后退几步，使牵引绳松弛时，主人立即“亮起绿灯”，继续前进。如果一直坚持这个原则，狗狗很快就会学到：拉紧牵引绳不能达到快速前进的目的，牵引绳松弛时才能前进。

② 赏罚分明

主人在靠近狗狗的手中准备好零食（一般建议用右手控制牵引绳，尤其是对于大型犬，因为这样在紧急情况下能用上劲儿；让狗狗走在主人的左边；左手中准备好零食，便于及时奖励），当狗狗前冲时，立即发出“惩罚口令——Sorry！”；而当它停止前冲，回到主人身边时，则立即进行奖励。

③ 有张有弛

“随行”一段时间后（刚开始随行的时间应短一点，不要超过10分钟，以后可以慢慢延长），找一个安全空旷的地方，松开绳子让狗狗撒欢。这样狗狗就会学到：在路上要乖乖地跟着主人走，游戏的地方在后面呢！

注意：

① 幼犬活泼好动，主人应尽量走得快一些，避免向前冲，也可以经常变换步伐，时快时慢，既能训练狗狗随行，也能照顾到狗狗的需求。

② 牵引绳应适当放长一些，让狗狗能在绳子松弛状态下在主人的前方活动。不要刻意要求狗狗贴身随行，那是对特殊工作犬的要求。贴身随行会让狗狗很紧张，即使是工作犬，也只能贴身随行一段时间，然后就要放松一下。

3. 如何纠正狗狗向前冲的坏习惯

对于已经养成向前冲习惯的狗狗，纠正的方法和上面所介绍的预防方法基本相同，但是要特别注意以下几点。

① 主人一定要有足够的耐心，在任何时候都遵守“红灯停，绿灯行”的原则

做好必须经常亮起“红灯”的准备。如果嫌麻烦，哪怕是偶尔一次在狗狗向前冲时没有停下来，都会进一步强化向前冲的行为。

② 加强惩罚力度

狗狗向前冲是为了能够更快地接近前方的目标物，例如狗伙伴。这时主人除了厉声下达惩罚口令“Sorry!”之外，还可以在每次狗狗向前冲后，就往反方向走几步，然后再停下。如果狗狗一出门就冲的话，甚至可以立即带它回家，过一会儿再重新出发。

③ 加强奖励力度

当狗狗停止前冲，回到主人身边时，先进行口头表扬，如“小乖乖”，然后用“高级”零食进行奖励。

此外，如果狗狗已经积习难改，而主人又没有那么大的耐心来进行纠正训练，也可以购买专业的防冲牵引装备，例如口环、防冲胸背带等，借助专业工具来纠正。

上完了“召回”、“佩戴牵引装备”和“随行”这几课之后，你就可以充分享受和爱犬一起散步的乐趣了：在人多的地方，它会优雅地跟随着你的步伐；到了安全开阔的地方，它可以尽情地玩耍；最后，它还会乖乖地跟你回家！这是多么轻松而愉快的散步啊！

4. 案例

留下刚到家的时候，胆小如鼠，生怕我把它抛弃。所以刚开始我一直没有给它使用牵引绳，因为即使不牵绳子，它也总是跟我寸步不离。

后来为了安全起见，我开始给它用牵引绳。但每次出去散步的时候，小家伙总是很兴奋，一出门，就撒开四爪开始跑。为了不把它勒疼，同时也为了自己锻炼身体，我就跟着它一起跑步。几次之后，我就开始

狗狗拽着牵引绳往前冲

狗狗戴上口环之后

尝到了自己这么做的“苦果”：只要一系上牵引绳，精力旺盛的它就开始使劲往前冲，拉都拉不住。

于是我决定对它进行纠正训练。

当留下套上牵引绳，又开始使劲往前冲时，我什么也没做，只是平静地站在原地。注意，如果这时候对狗大吼大叫，只会让它增加肾上腺激素的分泌，变得更加激动。

果然，它低着头往前冲了几下后，逐渐安静下来，有点疑惑地回到我身边，抬头看着我，似乎在问：怎么回事？你怎么不走了？我抓紧时机，及时给予奖励。摸摸它的头，夸奖它“小乖乖！”，同时给它吃了一根它最爱吃的鸡肉条。

然后我开始用正常的步伐向前走。我刚一抬腿，小家伙又开始激动地要往前冲了。于是，我立即停下。

大约反复了三次后，聪明的留下就明白了我的意图，再也不试图乱跑了，而是乖乖地跟随着我前行。（纠正留下的前冲行为比较容易，最主要是因为它养成这个坏毛病的时间还不长。对于一些“老油条”来说，就要困难得多，需要主人有极大的耐心。遇到这种情况，还是建议借助专业工具。）

当然，在“随行”一段时间后，我总是来到一个安全的地方——通常是小区的大草坪，然后把绳子松开，让留下尽情地撒欢。

很快留下就知道了，出门的时候应该有礼貌地跟随妈妈走路，而到了大草坪上就可以尽情地玩耍啦！

现在我带留下出门，牵引绳其实只是摆个样子，因为我根本不需要用一点点力气去拽它的。每次我看到小区里那些拖着主人跑步的狗狗时，就知道这些狗狗肯定没上过学。教育和不教育是大不一样的！

第四节 追逐车辆

很多狗狗喜欢追逐车辆。本来正好端端地跟主人在路上散步，突然有车辆从身边经过，狗狗会用力挣脱主人，奋不顾身地向车辆追去，把主人吓得胆颤心惊。

1. 狗狗为什么喜欢追逐车辆

狗狗喜欢追逐车辆的原因有两大类。

第一类是猎食本能。由于犬类的猎食本能，大部分狗狗天生对快速奔跑的物体具有浓厚兴趣。从身边急速驶过的车辆在它们看来，简直太像是逃跑的猎物了，因此常常忍不住要去追逐。被长期关在院子里，过于无聊的狗狗最容易自得其乐地把追逐经过院子的车辆当成好玩的打猎游戏。

第二类是出于害怕而产生的攻击行为。有些狗狗追逐车辆则是因为害怕。由于曾被某种车辆惊吓甚至伤害过（通常是行驶中，而非静止的车辆），那么以后再看到此类车辆驶过时，狗狗就有可能出于害怕而做出追逐车辆的攻击行为。

很多主人不解，既然害怕为什么不逃走，还要奋不顾身地去追咬呢？还记得我们在《第四章　第二节　做首领的标准是什么》中所讲过的首领的义务之一是在险境中保护下属吗？如果狗狗自认为是首领的话，那么正因为它感到害怕，认为这个大家伙是很危险的，为了保护下属，它还是会勇敢地采取吠叫、扑咬、追逐等攻击性行为去驱赶“敌人”。再加上通常，在它采取了一系列攻击行为之后，“敌人”都会“落荒而逃”（虽然无论如何车辆总会开走，但在狗狗看来，对方是被自己“赶跑”的）！这样，狗狗的攻击行为就会因为被证实是有效的而得到加强，狗狗以后还是会优先采取攻击行为而不是逃跑来避免危险。（参见“第十一章　第一节　狗狗为什么而打架？”）

2. 我刚养了一只小狗，如何才能预防它养成追逐车辆的习惯

① 从小针对各种车辆进行社会化训练

狗狗来到家里以后，主人就应该经常带它出门（在做完免疫之前可以抱在怀里带它看，不要下地，以免遭到病菌感染）看各种各样的车辆，包括自行车、助动车、摩托车、轿车、卡车、公交车等。除了看快速驶过的车辆，还应当看在附近突然发动的车辆。

可以先站在路边看过往车辆，同时用温柔的语气跟狗狗说话，并在车辆经过/突然发动时，不时地给它吃点零食。等它习惯之后，再带它过马路。过马路时，也应在有车辆经过时给它吃点零食。注意不要过分拉紧牵引绳，以免它感到紧张。

先到车流量小的路段，再逐渐到车流量大的路段。

② 让游戏成为猎食天性的出口

从小训练狗狗“衔回”的游戏，并且经常和它玩此类游戏，即主人把飞盘、网球等玩具扔到远处，让狗狗去追逐，并衔回。这个游戏可以很好地满足狗狗本性中追逐猎物的欲望，从而不会想到去追逐汽车这种危险的“猎物”。

③ 不要让精力旺盛的狗狗长时间独自待在能看见车辆驶过的院子里

④ 养成出门系牵引绳的良好习惯，避免交通意外事故

3. 如何纠正狗狗追逐车辆的坏习惯

（1）分析原因

对于已养成追逐车辆习惯的狗狗，首先要分析其原因，搞清楚属于

哪种类型。

首先了解历史。一般来说，如果狗狗以前从未有过这种举动，在受到某种车辆惊吓或者伤害之后，才开始出现追逐的行为，那么多数属于第二类原因——因为害怕而产生的攻击行为。如果没有什么特别的原因，似乎狗狗一直都有追逐车辆的现象，则多数属于第一类原因——出于猎食本能而产生的猎食行为。

其次了解类型。因为第二类原因而追逐车辆的狗狗一般只针对曾伤害过自己的那一类，而不会去追逐别的车辆。而因为第一类原因去追逐车辆的狗狗则对各种类型的车辆都有追逐的兴趣。

最后观察动作。因第二类原因而追逐车辆的狗狗一般会采取先在原地快速转圈，同时高声吠叫，然后扑咬，追逐等一系列动静极大的威胁性攻击行为，其目的是吓退敌人，而非真正攻击。而因第一类原因追逐车辆的狗狗则通常在车辆接近时会无声无息地绷紧肌肉，然后在车辆经过的一瞬间突然一个猛扑，并在后面全力追逐，并不虚张声势地吠叫，而是真正像追捕猎物一样。

（2）纠正措施

针对第一类（猎食本能）原因引发的追逐行为可采取以下措施。

① **避免刺激**

不要把狗狗长时间独自关在能看见车辆经过的院子里。

② **合理疏导**

培养狗狗玩“衔回”游戏，并经常跟它玩这个游戏。

③ **消耗体能**

保证足够的外出时间和强度，以便让狗狗发泄过剩的精力。

（参见“第八章　如何带狗狗散步”）

④ **脱敏训练**

给狗狗系上牵引绳，带它到以前经常会追逐车辆的地方看车。

在狗狗发出注意来车的第一个信号（目光注视对方、肌肉绷紧）时，立即让它做一个简单的动作，例如“坐下”，然后奖励，以分散狗狗对车的注意力。但注意不要刻意用身体挡住它的视线。如条件允许，最好接着再跟它玩一轮“衔回”游戏。如狗狗仍然试图去追车，则厉声发出

“惩罚口令”——“Sorry!”，然后当面自己“吃掉”零食。连续做上几次这样的练习，直到它不再对来车作出反应。

针对第二类（害怕）原因引发的追逐行为可采取的措施有以下3点。

① 明确“首领”

主人应通过“就餐仪式”、“出门仪式”等仪式性的行为尽快确立自己的“首领”地位。（参见“第四章　第三节　人类如何做狗狗的首领”）

② 保持镇静

路上遇到让狗狗害怕的车辆时，主人要保持镇静。不要猛拉牵引绳，而要让绳子保持微微松弛的状态；不要大喊大叫；也不要为躲避来车而做出突然转向，挡在狗狗面前等传递紧张情绪的突然性动作。

③ 脱敏训练

针对让狗狗害怕的车辆进行脱敏训练，带它到路边看车。在它发出注意来车的第一个信号（目光注视对方、肌肉绷紧）时，立即让它做一个简单的动作，例如“坐下”，然后奖励，以分散它对车的注意力。但是，同样不要刻意用身体挡住它的视线，因为我们的目的，是让“害怕车辆”的出现成为“好事即将开始”的“条件反射”，从而逐渐淡化这种车辆让狗狗害怕的记忆。看车的时候，注意用温柔的语调和狗狗聊天，并轻柔地抚摸它（不要快节奏地抚摸，那样会让它紧张）。

如果狗狗仍然试图去追车（一般不会，主人应检查自己是否行动得太晚了），则厉声发出“惩罚口令”——“Sorry!”，然后当面自己“吃掉”零食。

连续做上几次这样的练习，为一节课。每天最好能够在不同的时间上两节课。连续几天，直到狗狗不再对来车作出反应。

4. 其他攻击行为

和追逐车辆类似的还有追逐陌生人、追逐陌生狗等攻击行为。大多都是由于小时候社会化不足，或者受到过伤害，因此感到害怕而引起的。主人可以参照预防及纠正“因害怕而追逐车辆”行为的方法来进行预防及纠正。要注意的是，如果狗狗的攻击行为程度较为严重，已经达到扑咬的地步，最好请专业人员纠正，以免发生伤害事件，或者因主人的纠正行为不当而加重狗狗的攻击倾向。

5. 案例

熟悉留下的人都知道，以前别看它平时文文静静的，可是一旦有助动车、摩托车之类的从它身边驶过，它就会像发了疯似的不顾一切地去追咬。它一边狂奔一边高声吠叫的样子很吓人。我也非常担心开车的人会在惊慌之中撞到留下。因此，每次带它出去散步，小区里狭窄的道路上不时会窜出来的助动车成了我最大的心病。

考虑到留下只追逐摩托车和助动车，从来不追逐自行车和汽车，再结合它追逐助动车时好像有着深仇大恨的样子，以及刚到我家时头上的伤疤，我猜测它极有可能在流浪的时候被助动车或者摩托车伤害过，需要通过心理辅导来纠正这种疯狂的行为。

我因此开始梳理留下为什么会追逐助动车。

① 流浪的时候被助动车所伤→助动车是可怕的敌人。

② 妈妈看到助动车时拉紧牵引绳的动作、紧张的表情，甚至高声的尖叫声→妈妈也觉得助动车是可怕的敌人+妈妈需要留下的保护。

③ 每次留下边叫边追赶，助动车就开走了→这是赶走敌人的好办法！

我意识到，只有先改变自己才能改变留下。

首先开始强调就餐仪式。先自己假装尝一口，再给留下吃（首领先吃，下属后吃）。在它刚准备要吃的时候，我立即伸手盖住食物，同时厉声说“别动！”（食物永远都属于首领），等它抬头等候我的指示时，再说“请”，这才允许它开始吃饭。

其次开始强调出门顺序。先让它在门槛内坐下别动，等我出门后再允许它出门。

最后就是在遇到助动车时保持镇定，体现“首领”应有的风范。

执行了这三条措施后，当我们再次和一辆助动车狭路相逢时，留下就有了令人惊讶的变化。以前每逢此时，我总是会十分紧张地收紧牵引绳，站住不动，等助动车快点过去，而留下则不管我把绳子收得多紧，照样又叫又蹦地企图去咬助动车。但这次，我虽然内心还是很紧张，却故作淡定，不去看助动车，直视前方，同时按照正常的步伐前进，手中的牵引绳也是保持松弛状态。

见证奇迹的时刻到了：留下破天荒地不但没有去追逐迎面过来的助动车，而且好像完全无视助动车的存在，安静地跟着我的步伐继续前行。为了证明这不是偶然，我连续几天刻意去小路上遇见助动车。结果都非常令人满意，似乎它从未把助动车当成过假想敌。看来，我们的小公主已经彻底逾越了心理障碍！

留下现在的心理活动估计是这样的：

妈妈先吃饭+得到妈妈允许后留下才能吃饭→妈妈是首领。

妈妈先出门+得到妈妈允许后留下才能出门→妈妈是首领。

妈妈看到助动车一点都不紧张→首领不紧张，说明助动车并不可怕。而且首领会保护留下，所以用不着害怕，自然也用不着去追助动车了！

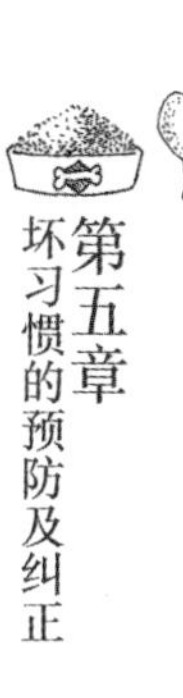

第五节 捡垃圾吃

大部分狗狗在户外散步的时候，如果发现地上碰巧有什么合口味的东西，都会毫不犹豫地把它吃进嘴里。令主人感到难以接受的是，狗狗不但会把偶尔发现的肉骨头吞进肚子，还会把动物粪便、发臭的动物腐尸之类的恶心玩意儿也视若珍宝！

狗狗的这种习惯不仅会令它们的人类伙伴感到恶心，也会给它们自己带来许多潜在危险。我家留下刚来时，就因为碰巧吃了一团携有病毒的狗大便，结果染上了可怕的细小病毒，花了我一大笔医药费不说，它还差点小命不保！

1. 狗狗为什么喜欢捡垃圾吃

犬类的祖先狼不仅是猎食动物，同时也是食腐动物，常常会捡拾大型食肉动物吃剩下来的，已经开始腐烂的动物尸体美餐一顿。因此，直到今天，狗狗闻到一切腐烂的蛋白质味道时，还是会像我们人类闻到香水味道一样，兴奋不已。

至于“狗改不了吃屎”的这个习性，则跟它们的祖先当年在丛林里的“艰苦岁月”有关。丛林里竞争激烈，食物匮乏，当找不到正常的食物时，狼只好吃动物粪便，靠其中残留的营养成分维持生命。所以，宠物狗如今虽然大多过着锦衣玉食的优越生活，却还是没有“忘本”。

此外，有研究发现，家犬是由一部分不太怕人，成天在人类居住的村落附近靠拣拾食物垃圾为生的狼演变而来的。因此，狗狗对翻捡人类的垃圾一直情有独钟。

总而言之，捡垃圾或者粪便吃是狗狗的天性。主人大可不必为此而发怒，甚至打骂，而应该耐心调教。

2. 如何才能预防它养成捡垃圾吃的习惯

小狗狗带回家后，可以通过以下几个措施来预防它养成捡垃圾吃的坏习惯。

① **尽早开始训练狗狗在吃食物前要先获得主人的允许，当主人发出禁食口令时不吃眼前的食物**（训练方法见“第八节　抢食”）

这样，以后狗狗出门发现地上的垃圾时，会习惯性地征求主人的意见，即使趁主人没注意时正准备吃，或者刚吃到嘴里，只要主人立即发出禁食口令，还是能有效阻止它把垃圾吃下去。

② **以物换物**

在狗狗听从主人口令，停止吃垃圾后，一定要用更加美味的零食加以奖励！这样它以后就会很乐意放弃自己发现的垃圾，来换取主人手里的零食了！出门要养成随身携带奖励食品的习惯，在紧急情况下会很有用！

要注意的是，当主人发现狗狗已经把垃圾吃进嘴里时，千万不要用大声呵斥、追赶狗狗等方法企图“狗嘴夺食”，那样会让狗狗觉得有“危险”，从而只会刺激狗狗逃跑和加速吞下嘴里的垃圾。

正确的方法是说“给我”，同时一只手伸到它嘴边，摊开手掌，另一只手迅速拿出“高级”零食展示给它看。当它松嘴吐出嘴里的垃圾时，立即进行奖励。如果它已经吃下了垃圾，就收回零食、作为惩罚，但是不必打骂，因为那样无济于事。

③ **防患于未然**

如果狗狗成功地捡到过一次垃圾吃，并且觉得“味道好极了！”，那么以后它就会非常用心地利用一切机会到处寻找可吃的垃圾，那时候可就防不胜防了。相反，如果狗狗从未有机会品尝到垃圾，那么它的注意力就不会集中在寻找垃圾上，主人就容易防范。

因此，我强烈建议主人在狗狗刚到家后，就开始训练它戴口套，从第一次出门开始，就把口套像牵引绳一样作为出门必备的装备。你可以在能够监管它时（例如系着牵引绳时），给它去掉口套；而在无法监管时（例如自由活动时）给它戴上口套，那样它就不能捡垃圾吃了，而主人也会变得轻松多了。

如果不戴口套，那么主人在和狗狗散步时，“眼观六路，耳听八方”的本领就很重要。尤其是在经过垃圾桶之类的“高危”区域时，最好能比狗狗提前发现地上是否有垃圾，并在有“可疑情况”时及早绕道而行。远离诱惑永远是防止受到诱惑的最好办法。

3. 狗狗已经养成了捡垃圾吃的习惯，如何纠正

前面说过，狗狗一旦尝到过垃圾的味道，以后出门就会把注意力集中在找垃圾上面，这时就很难彻底纠正了。所以，对于已经养成捡垃圾习惯的狗狗，最好的办法就是让它出门戴口套。

如果你实在不愿意给狗狗戴口套，那么也可以通过以下措施来改善。

① 加强首领权威

按照“第四章　第三节　人类如何做狗狗的首领”中的说明，从就餐仪式、出门仪式等方面改变主人的行为，确立主人的首领地位。

② 同时重点加强对狗狗“听令禁吃”的训练

③ 以物换物

改变主人以前一发现狗狗吃垃圾就追逐、打骂、狗嘴夺食的“恶人”形象，改成用温柔的语气跟狗狗说“给我”，并立即用“高级”零食交换。

④ 出门时给狗狗系好牵引绳，注意观察，远离垃圾诱惑

⑤ 设置“陷阱”，让狗狗自动降低捡垃圾的兴趣

我们已经知道，当狗狗的某个行为曾给它带来“好”的结果时，这种行为就会加强。而当该行为给它带来“坏”的结果，或者被证明是徒劳时，这种行为就会逐渐消失。因此，我们可以这样做。

首先检查狗狗经常捡垃圾的区域，例如垃圾桶附近，清理掉所有它可能感兴趣的东西。然后带它出去，并松绳让它自由地跑到该区域活动。接着在远处对它进行“召回”。等它回来后立即奖励。连续几天重

复上面的步骤，你会发现狗狗回到你身边的速度越来越快，因为连续几次的徒劳，它现在对垃圾桶区域的兴趣已经大大降低，而对回到主人身边的兴趣则大大提高。

其次准备好一样能让狗狗害怕的工具，例如水枪、装有鹅卵石的小铁罐，或者专用压缩空气罐等（一定要事先经过试验，确定能让狗狗害怕的）。然后预先在散步的途中放上“诱饵”，建议放置大一点的骨头，这样万一试验失败，狗狗也不至于立即吞下“诱饵”，主人还可以用零食交换（注意骨头应尽量去除肉，不要太美味，准备的零食一定要比骨头高级）。在狗狗准备去吃“诱饵”的一瞬间，立即对其喷射水枪；或者把小铁罐重重地扔到它身边，让其发出巨响；或者喷一下压缩空气等。总之要让它吓一大跳，从而暂停吃“诱饵”。但不要让它看到是主人弄出的声音！此时主人立即当着狗狗的面拿走“诱饵”，并进行奖励。这样重复多次后，狗狗会觉得吃地上的垃圾是件很危险的事，而不去碰垃圾反而能得到奖励，以后对捡垃圾的兴趣也会渐渐降低。

4．案例

留下刚来的时候还是很听话的。每当我发现它在草地上捡了个什么宝贝衔在嘴里时，只要我走到它身边，厉声说“给我!”，它就会虽然不情愿，却仍然听话地把嘴里的东西吐在我手上。

但很快，它就不愿意再这样做了。每次还没等我靠近，它就已经警惕地往远处逃跑，边逃边加速狼吞虎咽，直到把宝贝吞下肚子，才肯停下来。有一次我在院子里晾晒的两截川味香肠不小心掉在了地上，它捡到了之后，立即边逃边吃，不到半分钟的工夫，就在我眼皮底下把两截将近20厘米长又咸又辣的生香肠给吞进了肚子!

后来我尝试从狗狗的角度来理解捡垃圾吃这种行为：无论是大便，还是发臭的肉骨头或者动物腐尸之类我们人类认为很恶心的东西，对狗狗来说都是美味。狗狗对于自己在“野外”辛苦找来的“美味”当然不舍得白白地“拱手相让”。

理解了狗狗的想法之后，我采取了以下几个措施。

① **远离诱惑**

在遇到垃圾桶之类的“危险地带”时及早把留下带离。要做到这一点，系牵引绳是很重要的。

② **以物换物**

首先，在看到留下捡到垃圾后，我不再像以前那样高声呵斥和追赶它，因为那样会让它惊慌失措，只想尽快把垃圾吞下肚子。现在我只是向它伸出一只手，轻轻地要求它“给我”，同时用另一只手把它喜爱的鸡肉条之类的零食递给它，显示出一个“首领”应有的“镇定”风度。显然它觉得这笔交易是划算的，因此总是会听话地把嘴里的垃圾给我，换鸡肉条吃。此外，如果它偶尔真的捡到了可以吃的东西，我会在拿过来假装闻一下后再还给它。

③ **加强首领权威，同时进行“禁吃”训练**

采取上述措施之后，留下最明显的进步有以下三点。

① 出门后不再一门心思低头找垃圾吃。

② 偶尔找到垃圾，它再也不会急着一边逃跑一边吞咽了。当我要求它“给我”的时候，如果捡到的东西不“高级”，也会乖乖地把到嘴的“肥肉”吐出来。

③ 如果我比它先看到垃圾，只要我发出禁食口令，它不会再企图去跟我抢了。

第六节 撕咬物品

关于狗狗为什么喜欢在家中撕咬物品“搞破坏”以及如何从小培养正确的啃咬习惯，以避免狗狗养成撕咬物品的坏毛病，请参见“第三章　第一节　中的啃咬习惯训练”。

1. 对于已经养成啃咬家具/衣物习惯的狗狗如何纠正

纠正的基本原则和“第三章　第一节　中的啃咬习惯训练”所介绍的相同。但是要特别注意的是以下几点

① 分析原因

首先要分析狗狗喜欢“搞破坏”的原因。如果是因为分离焦虑症引起的，则需要先设法缓解狗狗的焦虑情绪。具体请参见“第三章　第一节　中的分离训练”。

② 避免犯错

在让狗狗养成正确的啃咬习惯之前，尽量不要再给它提供单独接触它爱啃咬的“非法”物品的机会。如果它爱好啃咬鞋、衣物之类的物品，则主人离家时，一定要把这些物品收好。如果是喜欢啃咬家具、电线之类无法收好的物品，则必须暂时把狗狗关在“防狗”区域内。

③ 保持“低调”

一旦发现狗狗在咬“非法”物品，主人一定要“低调”，千万不要大惊小怪地高声嚷嚷，更不要去和狗狗抢这些东西，那只会让狗狗觉得自己在咬的东西“价值不菲”，从而更喜欢去咬这件物品。应该用它喜欢的玩具来转移它的注意力。

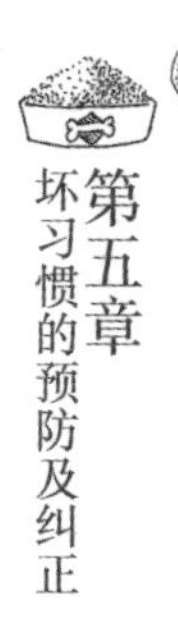

2. 案例

留下刚来时，短短两周内，就从一个“小乖乖”变成了“破坏大王”。每次我上班回来，家里必定是一片狼藉。

留下在家里咬的有三类东西：鞋、垃圾筐里的垃圾、餐巾纸和卫生纸。根据它的具体情况，我进行了具体分析，得出了以下结论。

留下很焦虑。它不知道妈妈去哪儿了，也就是所谓的“分离焦虑症”。因为它从来到我身边就24小时跟我在一起，然后整整6天过后，妈妈突然开始一大早“失踪”，直到很晚才回家，再加上它曾经有过失去主人的痛苦经历，所以焦虑是很自然的。

留下很无聊。当时它大概只有半岁左右，正是好动的时候，而我却因为不懂而没有给它提供任何玩具，整个白天独自在家，又没有什么可玩的，一定会感觉无聊。

留下觉得这很好玩。它似乎是把妈妈的鞋当成玩具了。尤其是当我也一起参与进来，把鞋扔出去，让它捡回来，更让它觉得这是个好玩的游戏。关于它喜欢撕咬餐巾纸，应该也是出于好玩的目的。因为它醒得早，没人跟它玩，在床边能找到的“玩具”也就是餐巾纸了，这玩意儿容易撕咬，咬得粉碎时，还挺有“成就感”的。当然，我为了图几分钟的安静，随手扔餐巾纸给它玩的做法就更助长了它这种坏习惯。

留下觉得这很好吃。从留下在垃圾筐里找到肉骨头时如获至宝的表情来看，这显然是它“淘垃圾”的最大动力了。而用过的卫生纸，虽然在人类看来很恶心，但对于狗狗来说，纸上沾染的粪便味道就是一种美味的诱惑。

分析完毕，我开始有针对性地采取应对措施。

① 针对分离焦虑症情况

首先，我在每次出门的时候都对留下说：“上班班。”然后先消失五分钟，再回家。练习了几次之后，留下对我说了“上班班”之后的短时间消失开始不那么紧张了。接着再开始逐渐延长“消失”的时间。大约两三天之后，我的训练就初见成效了。本来我一出门，留下就会很紧张，甚至会抛下正在享用的美食，奔到门口，企图跟着我出门。几次训练之后，在我出门时，它还是会企图跟着我，但只要我一说“上班班”，它就听懂似的，乖乖地趴在门口想自己的心事。

再后来，我又根据母狼出门“打猎”之后，不管“消失”多久，都会给小狼带回食物来的习性，把自己想象成出门打猎的母狼，“下班”之后经常给留下带点好吃的，让它认为这是我“上班班”的成果。这一招果然很有用。现在我准备出门的时候，只要对留下说“上班班”，那么它该干嘛还是干嘛，显得非常淡定。

② 针对它在家里无聊和觉得鞋、餐巾纸“好玩”的情况

首先给它添置了各类玩具，包括毛绒玩具、啃咬玩具及漏食球等。同时，对于它玩鞋和餐巾纸的行为，我开始严格禁止。每次只要它一玩这些东西，我就用它自己的玩具来引起它的注意，然后扔出去让它去捡。趁它忙着去捡玩具时，悄悄地收走它刚才在玩的“非法”物品。当然我自己也绝不再扔拖鞋跟它玩了。几次之后，留下就对鞋和餐巾纸的兴趣大大降低了。

③ 最后是针对它觉得“好吃”的垃圾和卫生纸

我觉得对于这种情况最好的办法是让它远离“诱惑”。即便是我们人类，美食当前也很难控制自己，何况是整天以吃为己任的小狗狗呢。我于是将家里原来所有敞开式垃圾桶换成了带盖的，同时在产生了骨头之类诱惑力大的垃圾之后，尽量及时处理。

在采取了上述综合措施之后，留下再也没有在家里闯过祸了。如果不是以前记录的日记，我甚至都想不起来它曾经的调皮模样了！

瓯元和瓯弟乘主人不在家时撕咬卷筒纸

第七节 偷吃东西

有些狗狗会偷吃东西。

所谓偷吃，就是乘主人不在的时候，主动寻找并采用各种手段吃掉一切可以吃的东西。一般有偷吃习惯的狗狗会到主人意想不到的地方，吃掉主人意想不到的东西，或者吃掉主人意想不到的量！

比如瓯元在它家里就曾经有过各种“令人称奇”的偷吃记录，包括：通过放在桌边的椅子爬到饭桌上偷吃掉一整碗霉干菜焐肉；拆开塑料真空包装，咬碎蛋壳，偷吃掉两个咸鸭蛋；拆开快递刚送来的10千克狗粮的包装袋，一口气吃到吐；拉开装零食的抽屉，吃掉整包狗饼干等。

家里要是有一只像瓯元这样爱偷吃的狗狗，那可真是令主人头疼不已。首先放任何食物都必须小心谨慎，以免一不留神就被偷吃了。其次是担心狗狗的健康，万一吃坏了，还得上医院。

1. 狗狗为什么会养成偷吃的习惯

首先要说的是，“偷吃”只是我们人类一厢情愿给狗狗贴上的标签，狗狗自己是不承认的。

琼·唐纳森所描述的“我们所了解的关于狗狗的十大真相” 以下几点。

① 没有道德观念（没有正确和错误的概念，只有安全和危险的概念）

② 猎食动物（搜索、追赶、撕咬、肢解以及咀嚼等行为都是固定程序）

③ 机会主义的食腐动物（只要是可以吃并且吃得到的东西，一律

当场吃光）

因此，所谓爱“偷吃”的狗狗只是在本能的驱使下，搜索寻找食物，并且为了避免夜长梦多，找到后立即把它吃掉而已。这可是它们的老祖宗——狼每天必须要做的工作呢！至于为什么要趁主人不在的时候进行这项工作，道理很简单，因为主人在的时候会挨打——危险，主人不在的时候不会挨打——安全！

刚开始，主人可能无意中把很“诱狗”的正常食物，例如瓯元最先尝试的霉干菜焐肉，放在了狗狗容易找到的地方，例如敞开放在饭桌上。然后又长时间地让它无所事事地独自在家。百无聊赖之下，狗狗决定用“打猎”来作为消遣。结果意外地嗅到了桌上的肉肉。大喜过望的狗狗毫不客气地把碗舔得干干净净。

有了这次成功的经验，第二天等主人一离开，狗狗就开始主动地在饭桌附近搜寻起来。这次，主人当然已经把饭菜都藏了起来。但是因为目标明确，所以凭借灵敏的嗅觉，它还是发现了一个塑料真空包装的疑似食物的小球。咬开包装之后，发现里面的咸鸭蛋味道还不错，虽然咸了一点。

从此，狗狗开始把“猎物”的范围扩大到了一切带包装的物品上。凡是眼前出现了此类物品，必须仔细地闻一闻，要是有食物的味道，就立即通过撕咬的本能行为设法打开包装！嘿，这可比直接吃饭要带劲儿多了！既要用鼻子搜索猎物，还要动脑筋到达猎物跟前，然后还要撕咬！狗狗的猎食本能基本得到了满足！

从此，狗狗开始“迷恋”上了这项活动。虽然主人出门前再三小心地藏好食物，但哪经得起一个十几小时独自在家，有着超级灵敏嗅觉而又一心扑在食物上的狗狗的搜索呢？于是，上桌，翻抽屉，上灶台等“偷吃”的“事故”一而再再而三地发生……

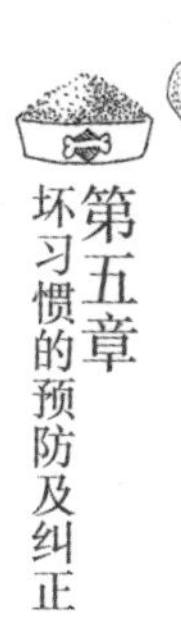

2. 我刚养了一只小狗，如何才能预防它养成偷吃的习惯

要预防狗狗养成偷吃的习惯，应从以下几方面同时着手。

① 杜绝第一次!

主人离家时，一定不能把食物敞开放在它容易找到的地方。如果狗狗没有成功“偷吃”的经验，就不会专注地到处去搜索食物。

② 主人要离开较长时间（3小时以上）前，一定要让狗狗发泄完过剩的精力

精力旺盛+无所事事是令狗狗决定开始去“打猎”的最主要原因!如果主人能在离家前带狗狗做过充足的运动，那么回到家后，狗狗只顾趴在地上休息，就不容易想到再去“打猎”了。

③ 让狗狗“有事”做

给狗狗提供充足的玩具（包括品种和数量），并从小培养它玩自己玩具的习惯（参见“第三章　第一节　中的啃咬习惯”），让狗狗学会在无聊的时候用玩具来消遣。

④ 引导狗狗通过正当途径满足“打猎”的欲望

凡是由于狗狗的天性而引起的“坏”习惯，都不应该用禁止的手段来“堵”，最好是用引导的方法去“疏”。因此，针对狗狗爱“打猎”的天性，可以在安全的地方（例如某一个“防狗”房间，或者主人不可能放食物的地面上等）预先藏好各种食物（可以是狗狗自己的正餐，也可以是零食）。先放少量在明显的地方，其他的藏在复杂的地方。这样，狗狗以后就会习惯到这些地方去“打猎”，而不会突发奇想上桌去了!

3. 如何纠正狗狗偷吃的习惯

对于已经养成偷吃习惯的狗狗，纠正的方法和预防方法基本相同。但是，鉴于狗狗已经有了多次成功的经验，因此要特别注意以下几点。

① 绝对不能让狗狗再有成功的机会

主人出门前，务必要坚壁清野，藏好一切可能被狗狗认为是食物的东西!千万不要低估它的嗅觉和对吃的欲望!

② 设置“陷阱”，让狗狗觉得即使主人不在家，“偷吃”也是危险的

例如针对瓯元通过椅子上桌偷吃的情况，主人可以将其他椅子都撤离桌子，剩下一把椅子放在滑板上，然后假装离开。等主人离开后，狗狗还会一如既往地跳上椅子。但是这次由于滑板的作用，它一跳上去就摔了下来。几次之后，它就会知道跳上椅子是不安全的。再配合“坚壁清野”等其他措施，狗狗很快就会放弃上桌的举动了。

4. 案例

前面讲到瓯元曾经有过各种“令人称奇”的偷吃行为，这也是当时它被送到我家来“上学”而需要纠正的行为之一。但是，刚来的第一天，因为我的疏忽，就被它成功地从饭桌上偷走了一瓶橄榄菜。我赶紧采取了一系列综合措施，包括以下几点。

① 坚壁清野

离家时绝不在饭桌上留下任何东西，并且养成进出厨房随手关门的好习惯。

② 消耗精力

每天两次带它出去散步，每次至少 1 小时，并且专门找各种活泼好动的狗狗，包括很多大型犬跟它玩追逐游戏。

③ 正确引导

首先我做了好几个“绳球”玩具，即用布条层层缠绕，做成一个“绳球”，在最中间裹上各种零食。每次出门时，就放几个在它的房间里。瓯元非常喜欢这种球，总是会很专心地想尽办法把布条拆开，吃掉中间的食物。我还专门给它买了一个“星记”的不倒翁漏食球。原来几秒钟就吃完的一顿饭，自从改成放在漏食球里之后，大概要吃半小时，而且在它把不倒翁拨打得噼里啪啦的同时，也大大消耗了它过剩的精力。

此外，我还教会了它在自己的房间里搜索食物。出门前，预先在房间里到处“埋藏”好食物。

这以后瓯元再也没有发生过偷吃事件。我曾在离家后偷偷从窗外观察，发现它正忙着在自己的小房间里“打猎”呢！

第八节 抢食

很多“吃货”狗狗往往在主人刚把饭盆放到地上，主人还未离开，或者还未邀请，就立即开始“埋头苦吃”。我把这种行为称为“抢食”。

“抢食”本身算不上什么坏习惯，相反，很多主人还挺喜欢看狗狗这副“馋相”，因为这说明狗狗的胃口好、健康。

那么为什么要把“抢食” 列为需要纠正的坏习惯呢？最主要的原因是，抢食的狗狗往往会误认为自己掌握了食物的分配权，是家里的首领，而主人则是它的下属，从而引发多种行为问题。而通过纠正狗狗的“抢食”行为，主人能迅速建立起首领权威。

1. 狗狗为什么养成抢食的毛病

狗狗之所以会抢食，首先是因为狗狗是天生的“机会主义者”。丛林里食物资源匮乏的生活，让它们养成了任何时候只要眼前出现了可以吃的东西，就不管三七二十一立即吃进肚子为大的习性。

其次是因为每次狗狗在抢食的时候，主人从未制止过。这样就更加助长了狗狗的这种行为，甚至会让它们产生自己是首领的“幻觉”。

2. 我刚养了一只小狗，如何才能预防它养成抢食的习惯

要防止狗狗养成抢食的习惯，最好的办法就是从第一次喂食开始，就对它进行“用餐礼仪”的培训，通过培训教会它必须遵守以下几条规则。

① 主人是首领，只有主人吃完了，作为下属的狗狗才可以开始吃。

② 狗狗在吃东西前必须先征得主人的允许。

③ 主人发出禁食指令时，不能吃东西。

第一单元：用餐仪式

① 在给狗狗吃饭之前，主人先假装从它的饭盆里吃上一口，然后再把“吃剩”的碗放在地上“赏赐”给它。

② 食盆放下以后，在狗狗准备吃食时，主人立即发出禁食口令“No!”，并用手盖住食物，等它停止抢食的动作后，再把手移开。几秒钟后，主人才发出允许进食的指令“请”，并离开食盆，让它安心进食。如果主人移开手后，狗狗又准备吃食，则重复前面禁食的口令和动作，直到狗狗学会等待。

③ 在狗狗进食过程中，主人要突然回来走到食盆边，用手轻推其胸部，迫使其后退，然后自己拿走食盆，假装吃一口或闻一下之后，再给它。

在狗狗学会每次用餐时都征得主人同意再进食后，可以进入下一单元的训练。

第二单元：不吃地上的食物（室内专项训练）

① 事先准备好两种级别的零食，例如狗粮（低级）和鸡胸肉（高级）。当着狗狗的面，把狗粮放在它面前的地上。

② 在狗狗刚准备去吃的时候，立即发出禁食口令“No!”，同时迅速用手掌盖住或者用脚踩住食物。然后下达“坐下”的指令（“坐下”的训练方法参见“第六章　第一节　坐下”）。

③ 等狗狗坐下后，移开手掌或脚，露出狗粮，等待几秒钟。如果狗狗保持坐着没有去抢狗粮，则主人自己捡起狗粮，对狗狗进行表

留下在等待主人允许进食的指令

扬后，从口袋里拿出鸡胸肉进行奖励。如果狗狗仍然企图去抢狗粮，则重复步骤②。

④ 重复步骤①～③3～4次为一节课。每天上1～2节课，连续上3～4天。逐渐延长让狗狗坐下等待的时间，并变换放在地面的食物品种。直到主人把任何零食放在地上，狗狗都不再有抢食的企图，而是会直接坐好，等待主人赏赐。然后可以进入下一单元。

注意：

① 主人的动作一定要比狗狗迅速，一旦让狗狗抢到一次，它就会认为抢食是有效的行为，这种行为就会得到强化；通过这项训练我们要让狗狗学习到去抢地上的食物是无效的，乖乖坐在那里征求主人允许可以吃到更好吃的东西!

② 在狗狗掌握要领之后，可以往地上放“高级”的零食，主人捡起来后，自己闻一下，或者假装吃一下，再把捡起的零食“赏赐”给狗狗。

第三单元：不吃地上的食物（室内实战训练）

① 主人预先在狗狗附近的地面上放置“低级”零食。准备好能惊吓到狗狗的工具，例如水枪、装了鹅卵石的小铁罐、专用压缩空气罐等，躲在附近观察。

② 当狗狗企图去吃地上的零食时，主人立即发出禁食口令“No!”，然后用上述工具惊吓狗狗。但是注意不要让狗狗看到是主人在打水枪，或者扔铁罐等。最好找朋友躲在狗狗看不见的地方专门负责惊吓。

③ 当狗狗受到惊吓暂停吃食时，立刻将其“召回”。等它来到跟前后，表扬并奖励。

④ 重复步骤①～③3～4次为一节课。每天上1节课，连续上3～4天。直到主人不在跟前时，狗狗即使发现地上的零食也不再立即去捡来吃，并且听到主人召回口令后立即回到主人跟前“领赏”时，可以进入下一单元。

第四单元：不吃地上的食物　（室外专项训练）

现在我们可以移师户外，为预防狗狗捡垃圾做好准备了。

先在户外狗狗常去玩耍的地方进行和第二单元相同的训练。直到主人把任何零食放在地上，狗狗都不再有抢食的企图，而是直接坐好，等待主人赏赐。然后可以进入下一单元。

第五单元：不吃地上的食物　（室外实战训练）

先在户外进行和第三单元相同的训练。然后在狗狗偶尔发现地上的垃圾并企图捡食时，立即发出禁食口令“No!”，并将狗狗召回，然后进行奖励。

3．如何纠正狗狗抢食的坏习惯

纠正狗狗抢食的训练和预防的方法基本相同，要注意以下几点。

① 在对食物进行遮盖时，尽量不要用手掌，可以用扇子、杂志或者穿着鞋的脚来替代，以免被狗狗咬伤。

② 鉴于有抢食习惯的狗狗很有可能已经以首领自居，因此，除了进行“用餐礼仪”的训练，主人同时还应根据“第四章　第三节　人类如何做狗狗的首领”改变自己的行为，全面树立首领权威。

4．案例

留下刚来时嘴巴特别馋，再加上我从未对它进行过用餐礼仪的培训，因此很会抢食。往往我刚开始往它的碗里倒饭时，它就已经几乎把头塞在饭盆里，开始狼吞虎咽了，以至于稍不留神就会把剩下的饭倒在了它的头上。

后来看到简·费奈尔在《狗狗的心事——它和你想得大不一样》里面讲到，喂食时是让狗狗承认主人“首领”地位的最佳时机。在狼群中，猎物到手后，总是头狼第一个吃，其他狼只能在旁边静候。等到头狼吃饱喝足，才能轮到下一等级的狼。所以，简·费奈尔的建议是：在给狗狗喂食之前，主人先假装从狗狗的饭盆里吃一口食物，再让狗狗吃。这样狗狗就会认为主人地位比自己高，从而对主人“心服口服”了。

于是，我开始实践简·费奈尔的这个理论。在给留下盛好饭后，先当着它的面，假装从它的碗里吃了几口，然后把碗放在地上让它吃饭。奇怪的事情发生了！这次，留下不但没有像往常一样“急吼吼”地冲到饭碗边上，反而惊愕地后退了几步，似乎不敢前来吃饭了。直到我又重复了两遍“留下，吃饭饭了!”，这才有些迟疑地走近来吃饭。试探性地吃了一口之后，发现没有危险，这才又像平时一样美美地大吃起来。看来，它对妈妈突然之间成了“首领”还有点不习惯。

说实话，我的心里是有点失落的。因为留下的每一餐饭都是我亲手做的。它的“急吼吼”的吃相虽然不雅，却是对我辛勤劳动的最大肯定。看来，凡事有得必有失啊!

不过，聪明的留下现在一定是明白了妈妈的“地位”比自己高。因为从此以后，留下吃饭更乖了。只要我问一句:“留下，吃饭饭是怎么样的?”它就会端端正正地在地上坐好，颇有淑女风范。然后我开始假装从它的碗里吃饭。这时候，最好笑的是，它明明馋得口水都要流下来了，却会故意把目光转向别处，不看饭碗。大概是觉得还没有轮到自己，看了也白看，不如不看，省得嘴馋。直到我说“请”，才开始吃饭。

第九节 挑食

在上一节里我们说过，狗狗的天性之一就是任何时候，只要眼前出现了可以吃的东西，就会立即把它吃掉。但偏偏有些狗狗却养成了一个相反的毛病——挑食，对眼前出现的食物不是立即吃掉，而是挑三拣四，如不合口味，就浅尝辄止，甚至拒食。

挑食容易影响狗狗的正常生长发育，因为挑食的狗狗往往会拒吃营养全面的狗粮等食物，而只吃某种单一的食物。我见过只吃火腿肠，只吃猪肝，甚至只吃烤鸡的狗狗！

1. 狗狗为什么会养成挑食的习惯

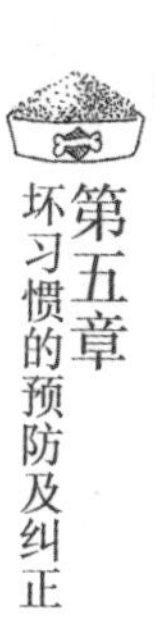

除了疾病引起的厌食，挑食的毛病纯粹是由于主人喂食方法不当而引起的。

一般往往是因为狗狗的运动量过少，而主人给的食物（通常是狗狗兴趣不是很大的颗粒狗粮）又过多，于是狗狗就在盆里剩了一些。

主人见它没有吃完，就让狗粮剩在盆里，便于它肚子饿的时候去吃。这在自然界是不会发生的。因为在狼群中，如果一只狼没有一下子把食物吃完，就会立即被其他饥饿的“小伙伴”分抢掉了。即使没有分抢完，它也得立即找个安全的地方刨个坑，把剩下的食物埋起来，否则很快就会被别的动物抢走啦！

在吃下一顿的时候，由于狗粮的分量还是很多，肚子还是不饿，狗狗就放心大胆地剩了更多的狗粮，因为反正不用担心会被别人抢走。

而主人却开始心疼起来。为了鼓励宝贝吃完，主人决定给狗粮配点

"菜"。于是拿出一根火腿肠切碎了拌在狗粮里。狗狗果然眼睛一亮，风卷残云般地吃掉了所有的火腿肠，却仍然剩了大部分的狗粮在碗里。这个高明的本领跟狗狗的生理构造有关。它们评价食物的好坏主要是依靠嗅觉，而不是像我们人类一样主要靠味觉。只要闻上去是香喷喷的，对它们来说都是美味。而高度灵敏的嗅觉则使得它们能轻而易举地将火腿肠和狗粮区分开来。当然，少数几粒沾染了火腿肠气味的狗粮也被狗狗当成是火腿肠一起吞下了肚子。

主人以为是自己给的"菜"不够多，于是又拌了一点火腿肠进去。当然结果还是一样，狗狗又挑完了所有的火腿肠，剩下了大部分的狗粮。这时狗狗已经学到：原来只要拒吃就能得到更好吃的东西啊！

而主人却觉得拌了火腿肠后，毕竟狗狗还是吃掉了一点狗粮，于是下次吃饭时，直接就给它火腿肠拌狗粮。没想到，这次狗狗居然什么都不吃了！着急的主人觉得它大概是吃厌了，于是把火腿肠换成了牛肉。狗狗这才满意地从狗粮里挑出了牛肉吃掉。窃喜的狗狗想：本来我也只是想试探一下的，没想到拒吃这招这么灵验啊！

于是，下次拒吃牛肉，得到了排骨。再下次拒吃排骨，得到了烤鸡。一个越来越挑食的狗狗就这样被主人自己给宠出来啦！

2．我刚养了一只小狗，如何才能预防它养成挑食的习惯

要预防狗狗养成挑食的毛病，主人一定要掌握以下几条原则。

① 保证狗狗每天有充足的运动量

跟人类一样，一只整天趴在家里睡觉不运动的狗狗，是不会有好胃口的！

② 给的食物量要适当，不要过量

请参照包装袋上的说明，根据狗狗的体重喂食狗粮。自制粮可以参照下表喂食。

主要营养物质的日常摄取量（千克体重/天）

主要营养物质	成年犬	幼年犬
蛋白质	5克	10克
碳水化合物	10克	15.8克
脂肪	1克	1.1克

有一个简单的方法可以帮助主人判定给的食物量是否合适：把给狗狗准备的食物分成2～3份。先给第一份，如果狗狗在半分钟内吃完，再依次给第二份、第三份。

③ 没有吃完的食物要及时收走

如果狗狗在5分钟内没有吃完最后一份食物，并且已经停止进食，只是趴在食盆旁边守护，则必须将食物收走，不要留在原处任由它取用。更不可以在它剩饭之后再给它更“高级”的食物。

④ 不要采用固体肉类拌狗粮的方法来改善口味

如果实在担心狗粮不好吃，又不得不给狗狗吃狗粮的话，可以给狗粮里拌点肉汤、鸡汤、猪肝汤之类的汤汁，这样可以让每一粒狗粮都散发着诱狗的香气。

⑤ 吃完狗粮再吃点心

如果想要在吃饭的时候给狗狗吃点好吃的肉类宠宠它，那么至少一定要坚持把肉当成餐后点心，等它吃完狗粮再给。如果剩了狗粮，就取消点心。

3. 狗狗已经养成了挑食的习惯，如何纠正

纠正的原则和预防相同。但是要特别注意以下几点。

① 刚开始纠正的时候，要降低标准

例如应该给狗狗吃50克狗粮，那么刚开始训练时可以减少分量，只给10克，甚至更少，设法让它吃完就好，然后给一小块肉作为奖励。目的是让狗狗明白从现在开始游戏规则变了：吃完狗粮才能有肉吃！以后

再逐渐增加狗粮的量。

② 不要被狗狗的拒食行为打败

由于狗狗已经有了无数次通过拒食获得成功的经验，因此刚开始纠正时，它仍然会试图用拒食来获得自己喜欢吃的食物。这时，主人千万不可心软，一定要坚持5分钟原则，即5分钟内不吃完狗粮就立刻收走，并且没有肉肉奖励。如果实在担心会饿坏小宝贝，可以增加喂食次数，即在收走剩饭2~3小时后，再次喂食。

4．案例

笨笨是只8个月大的迷你红贵宾，因为挑食等毛病送到我家来进行纠正训练。据笨笨妈妈Z小姐说，笨笨小时候还挺爱吃狗粮的，不知道从什么时候起不爱吃了。平时在家里都是用肉块拌狗粮任其食用。一般它总是把肉挑走，剩下狗粮。而剩下的狗粮在饭盆里放上整整一天也不见少。而且同样的肉如果连吃三天，它就又会开始绝食，得鸡肉、牛肉什么的换着口味来。

此外，因为笨笨体型小，Z小姐觉得家里就够它玩的了，因此很少带它出门散步，每隔几天才带它下楼一次。平时Z小姐还喜欢时不时地给笨笨吃零食。

根据上述情况，我断定笨笨挑食主要是以下原因引起的。

① 运动量过少造成胃口不好。

② 喂食量过多。

③ 喂食方法不当。

于是我采取了以下综合措施。

① 增加运动量

每天带笨笨出去两次，每次 1 小时左右。出去时特意找了几个狗朋友跟它追着玩。

② 减少喂食量

首先是基本取消零食，同时将每顿喂食量减少到额定数量的1/3。

③ 改变喂食方法

不在狗粮里拌肉。不吃就收走。吃完奖励点心。

④ 引入竞争机制

允许留下来抢笨笨的狗粮。

笨笨的表现：

第一天

晚饭：给了1勺狗粮，不吃，5分钟后收走。

第二天

早饭（7点30分）：给了1勺狗粮，还是不吃，5分钟后收走。

早上（9点30分）：再次给了1勺狗粮，不吃。从笨笨的食盆里拿了一粒狗粮给留下。然后再拿一粒给笨笨，吃了！笨笨看看留下，感觉到了危机，赶紧加速吃完了所有的狗粮！而且吃完之后露出还想吃的样子。没有再给。目的是让它保持一定的饥饿感。

晚饭（17点）：先给了1勺狗粮，很快吃完，再加了1勺，也很快吃完。然后表扬，并往碗里添了一勺我给留下做的饭（鸡肉+西兰花+米饭），非常喜欢，几秒钟吃完。

第三天

早饭：先给了1勺狗粮，很快吃完，再加了1勺，也吃得很快，但还剩几粒的时候，停了下来。因为那时候我开始给留下吃自制的狗饭。我拿了1勺留下的饭到笨笨身边，不给它，同时拿起碗里的狗粮让它吃。它一开始不吃，对峙了一会儿，终于吃掉了剩下的狗粮。立即表扬，然后把留下的饭给它放在碗里，几秒钟吃完！

晚饭：已经能很快地吃掉3勺狗粮（分3次给的）！当然最后还获得了奖励！

现在，笨笨已经完全理解了新的吃饭规矩：先吃狗粮，吃完狗粮再吃点心！

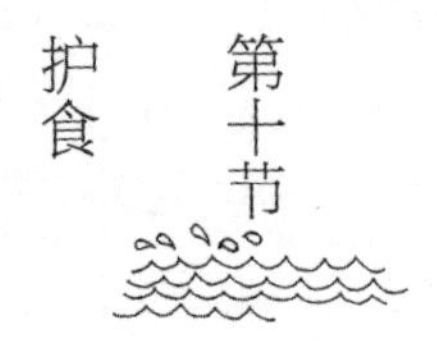

第十节 护食

有些狗狗会养成护食的毛病。

别看平日里它性情温顺，从不攻击人或者狗，但只要面前有食物，就立刻像换了个“狗”似的，马上会用低吼、吠叫甚至扑咬等行为来警告或者攻击附近的人或者狗，把对方赶得远远的才罢休。要是有人企图去拿走它的食物，哪怕是自己的主人，它也会毫不嘴软地咬上一口。有护食行为的狗往往还会用类似的攻击行为守护自己心爱的玩具、主人，以及经常霸占的沙发等。这些看似完全不同的情况，其根源却都是相同的，都属于“资源守护”（参见“第十一章　第一节　狗狗为什么打架”），是狗狗的本能之一。

1. 狗狗为什么会护食

狗狗之所以会养成护食的习惯，首先是因为在幼年期（4~5个月之前），主人从未对它进行过相关教育，没有教给它人类社会的规则。

这样，等进入青春期（7~8个月）后，狗狗就按照身体里已经预先编好程序的丛林法则来行事了。前面说了，护食/资源守护是犬类的祖先狼遗传给它们的本能。因为在丛林里，宝贵的资源，尤其是食物资源是狼能够生存和繁殖的前提。因此，当有人，包括主人企图去动它的食物时，狗狗会本能地用身体护住食物，并低头发出“呜……”的低吼声，表示警告。通常，这种低吼因为声音太轻或者听上去没有什么危险而被主人忽略，从而继续“侵犯行为”。

被逼无奈的狗狗爆发出“汪!”的一声怒吼，同时回头对“侵犯者”

威胁性地做出空咬的动作。主人被吓了一大跳，赶紧收手，不再去碰它的食物。狗狗首战告捷！

经历了几次类似事件后，善于总结的狗狗发现：低吼是个无效动作，只有高声吠叫和空咬才能使“侵犯者”收手。于是，很快它就果断地将这个浪费精力的无效动作删除，直接用吠叫和空咬表示警告。

一个用攻击行为来守护资源的坏习惯就这样形成了！

2. 我刚养了一只小狗，如何才能预防它养成护食的习惯

预防的关键在于从小就让狗宝宝学习人类社会的规则。

① 主人会随时把给自己的食物拿走。

② 拿走了以后还会还给自己。

明白了这两点，狗狗以后就不会觉得主人拿走自己的食物是什么大不了的事情，自然也就不需要费心费力地采取攻击行为来护食了。

（1）利用吃饭的时候训练

① 在狗狗刚吃了几口之后，就把饭盆收走，过几秒钟后再给它。

② 有时候在给它的时候再添上一点更好吃的东西。

（2）利用吃零食的时候训练

① 在给狗狗零食（尺寸要大一点，以免它一口吞下，建议先用狗咬胶练习）之后，一只手捏住狗狗嘴里的食物（注意只是捏住，不要用力抢），另一只手拿着更“高级”的零食（如鸡肉干）放到它鼻子旁边，同时下令“松！”。

② 当狗狗略微松开牙齿时，立即从它的嘴里把零食拿走，表扬后将手中的“高级”零食奖励给它。过几秒钟再把狗咬胶还给它。

如果狗狗对于主人中途拿走食物的行为表现很平静，没有任何攻击性的举动，就说明狗狗已经习惯并了解了规则。从狗宝宝2～3个月大的时候就开始训练，是非常容易做到的。要注意以下几点。

① 在狗狗掌握之后，仍然要不时地重复一下上面的训练作为巩固。

狗狗之所以肯违反本能将宝贵的食物资源平静地交给主人，是因为条件反射的缘故。通过不断地训练，狗狗现在已经建立起“把食物交给

主人＝食物还会回来＋获得更好的食物”的“好的”条件反射。因此一定要经常巩固。

② 利用零食训练的时候，要针对“不同级别”的零食，尤其是像肉骨头、肉干、火腿肠之类的“高级”零食。狗狗对于你要拿走狗饼干之类的“普通”零食不会太介意，但如果换成它最心爱的肉骨头，情况可能就完全不同了。因此，一定要将这个训练普遍化到各种食物。

虽然通过上述训练，可以很轻易地预防狗狗养成护食的习惯，但这项训练并不一定能让主人建立首领权威。我在对金毛噜噜进行攻击行为纠正时，发现虽然噜噜的行为和它自认为地位高于主人有密切关系，但奇怪的是，主人却可以随时拿走噜噜的食物而不会招致攻击。后来知道，原来主人从小就对噜噜进行了中途拿走食物的训练，但却并没有刻意树立自己的首领地位。

因此，建议主人，尤其是大型犬主人，除了从小对狗狗进行上述预防护食的训练之外，还应根据“第四章　如何做狗狗的首领”从各方面学做狗狗的首领。

3. 如何纠正狗狗护食的坏习惯

让我们再来看看如何纠正狗狗已经养成的护食行为。

犬类和它们的祖先狼一样，也是分等级的。而其中首领拥有的最大权力就是对食物的占有权和分配权。无论一只狗狗正在守护的是什么美味，只要它所承认的首领往跟前一站，狗狗就会乖乖地把食物让出来。这个举动也是表明它承认对方的首领地位。反之，如果它并不认可对方是自己的首领，那么它就会为了守护自己的食物而大打出手。（参见“第四章　如何做狗狗的首领”以及“第十一章　第一节　狗狗为什么而打架”）

因此，要纠正狗狗已经养成的护食行为，首先就要通过仪式化的行为向狗狗表明主人才是首领，其次要经常确认一下自己的首领地位。

（1）通过仪式化的行为表明主人才是首领（参见“第四章　第三节　人类如何做狗狗的首领”）

① 就餐仪式：给狗狗食物之前，当着它的面，主人假装自己先吃一口，然后再把“吃剩”的“赏赐”给它。

② 出门仪式：出门散步之前，让狗狗先在门内等候，等主人先出门，经允许后才可以出去。

③ 重聚仪式：分离后重聚时，由狗狗主动来问候主人，而主人只是淡定地接受问候，并不给予热烈的回应。

④ 出去“打猎”（散步）由主人决定路线。

⑤ 遇到危险时主人要保护自家的狗狗。例如别的狗狗来骚扰或者攻击自家的狗狗时，主人应出手将对方赶走。

⑥ 随时在家中划出“首领”的“领地”，例如沙发、床、厨房间等，并用肢体语言将狗狗暂时“驱逐”出首领的“领地”。

（2）确认主人的首领地位（参见“第四章　第三节　人类如何做狗狗的首领”）

① 每次吃饭时把食盆放在狗狗面前后，要训练狗狗经主人允许后才开吃。

② 在狗狗吃了一半时将食盆拿走，假装闻一闻或吃一口之后，再还给它。

③ 给狗狗吃零食，尤其是肉骨头之类的食物时，经常在中途从狗狗嘴里拿走食物，假装闻一闻或者吃一口之后，再还给狗狗。

同样地，也可以运用类似的方法来预防和纠正狗狗其他守护资源的行为，例如守护玩具，守护沙发等。

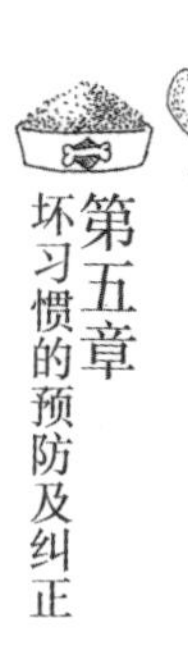

4. 案例

我以前养的那条京叭Doddy在几个月大的时候就会护食。当我把食物放在它面前后，它就立即低着头，用头部和身子护住饭碗，同时从喉咙里发出“呜……”的低吼声，警告我远离它的饭碗，然后才放心地开始吃饭。如果我不顾它的警告，仍然继续接近，它就会发出“汪!”的吠叫声，同时张嘴来咬我。等到大一点后，我忽然发现它不知道从什么时候起，已经不再发出“呜……”的预警声了。如果我要去拿它的碗，它就会直接发出一声“汪!”的吠叫声，并且毫不留情地咬我。有时候它嫌饭菜不合口味，吃了一口就不吃了，在离饭碗1米开外的地方趴着休息，我走到边上想把碗收走，它就会立即冲过来咬我一口，不让我碰它的碗。

Doddy还会护它的玩具。当我见到地上乱扔的玩具，想捡起来收好，却没有注意在不远处趴着睡觉的Doddy其实正守着自己的宝贝呢，结果它冲过来就是一口。

我们家里的所有人都因为类似原因被Doddy咬过。但那时候我们只知道对它表示理解，谁让我们去侵犯它呢?

现在我才知道，Doddy之所以会有这些行为，都是因为它从小没有接受过避免护食的教育，而在长大之后我又没能成为它的“首领”。

第十一节 乞讨零食

很多人喜欢在自己吃零食的时候和狗狗分享，理由是：①狗狗可怜巴巴地盯着自己看，不给过意不去；②看狗狗乞讨零食时乖巧的样子，很可爱。

但问题是，不是人类所有的零食都适合狗狗吃的。事实上，正好相反，人类大部分零食含有大量脂肪、糖，或者盐分等不利于狗狗健康的成分。所以，跟狗狗分享人类的零食，其实不是爱它们，而是害它们。其次，如果这次给狗狗吃了，下次因为种种原因不给它吃，反而会让它很困惑。

有位狗友跟我说：“我家狗狗对塑料袋的声音特别敏感，每次只要一听到塑料袋窸窸窣窣的响声，就会立即跑到我跟前来查看是否有吃的。先是用眼睛可怜巴巴地看着我，要是不给，就不停地用爪子来抓我。害得我现在吃零食像做贼一样。”这段话恐怕会引起很多狗主人的共鸣。不过，如果做主人的经常要“偷偷摸摸”地吃零食，那种感觉实在是有点不爽。

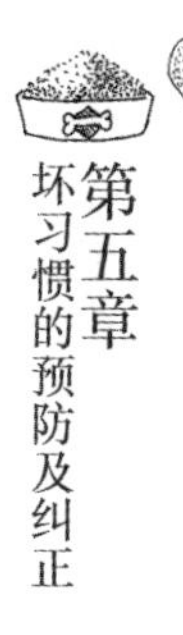

关于乞讨零食这个习惯，主人的态度真是很矛盾。一方面，主人喜欢用零食来“讨好”狗狗。看到狗狗得到零食以后欢天喜地的样子，主人心里也像灌了蜜似的。但另一方面，主人又会为失去了吃零食的“自由”而感到烦恼。

其实，狗狗自己也很“烦恼”。本来正睡得香呢，半梦半醒中忽然传来主人打开塑料袋的声音，于是得立刻起床跑去查看是否有吃的。有时候，主人却又不知何故不肯痛痛快快地给自己吃，只好在主人身边眼巴巴地等候半天。

1. 狗狗为什么会养成乞讨零食的习惯

跟所有的坏习惯一样，狗狗之所以会养成乞讨零食的习惯，甚至一听到塑料袋的声音，就立即前来乞讨，也是主人造成的。

一般刚开始的时候，狗狗对人类的零食是不会主动感兴趣的，因为那种气味并非它们所熟悉的肉类的味道。往往是主人在打开塑料包装后，自己主动请狗狗尝鲜。而狗狗尝了之后，觉得味道还不错，于是本能地用眼睛看着主人，希望能再来一点。

主人见狗狗看着自己，就又给了一小块。于是，它知道“盯着主人看”是能得到主人手中零食的有效动作。下次主人要是没有再给，它就会更长久地盯着主人看。“可怜巴巴”的眼神就这样被培训出来了。

给了几次之后，主人觉得狗狗吃得够多了，于是跟它说“没有了”，然后也果然不再给了。而狗狗因为以前从来没有听到过“没有了”这个单词，自然也不解其义，它只知道一直一直地看着主人。但这次这个办法似乎不灵验了，看了很久主人还是没有给自己吃。于是有些着急的它决定试试别的办法。它抬起一只前爪碰了一下主人，希望能引起主人的注意。

这个办法果然奏效了。主人惊讶于狗狗的聪明，于是又给了它一块零食。当然，这块零食所起到的作用相当于告诉狗狗：真聪明，做得对！用爪子来抓我吧，你会得到奖励的！于是狗狗学到了：当主人说“没有了”之后，就要改成用爪子抓主人来获得食物。因此，当主人再次告诉它“没有了”之后，它开始连续不断地抓主人，希望用这样的努力来获得奖励。主人被抓得不厌其烦，只好再给了一块零食，想以此来打发它离开。“用爪子抓主人”来获得零食的动作于是也被成功地训练出来了！

第二天，主人又拆开一包零食主动跟狗狗分享。这次，塑料包装的声音和美味的零食紧密地联系在了一起。狗狗记住了这个美妙的声音。从此，只要一听见类似的声音，它的头脑中就会立即做出“主人又拿零食出来了！”的反应，因此会迅速地跑到主人跟前来查看。

2. 我刚养了一只小狗，如何才能预防它养成乞讨零食的习惯

很多驯犬书上都会建议，要预防狗狗养成乞讨零食的习惯，最好的办法就是主人自己在吃零食的时候，从来不跟狗狗分享。

还记得“第二章　驯犬的基本原理和方法”中所介绍的动物学习的第三种方式——通过孤立事件学习吗？如果某种刺激不会产生任何后果（相对于动物本身来说），动物就会停止对该刺激产生反应。这种现象被称为“学习到的不相关性”。

如果主人自己在吃零食的时候，无论狗狗做出何种反应，都对狗狗不予理睬，更不和它分享零食，那么它很快就会学习到，塑料袋发出的声响也好，零食散发出的诱人香味也好，都和自己不相关，于是狗狗宁愿在一边睡大觉，也不愿意白费力气盯着主人看，更别说去挠主人了！

这个办法虽然非常有效，但却让主人失去了养狗的一大乐趣。我更倾向的是比较“狗性化”的办法，就是由主人来掌控给或者不给零食。这样既能让主人和狗狗享受到分享零食的快乐，又能保证主人有时希望独享零食的自由，还能保证狗狗的健康。当然，从“首领”权威的角度来说，喜欢经常跟狗狗分享零食的主人和从不跟狗狗分享零食的主人相比，前者的“威信”会低于后者。所以，主人应根据实际情况决定选用哪种方法。

① 主人每次准备跟狗狗分享零食时，一定要把零食作为训练的奖励

可以让狗狗做些简单的服从性训练，例如可以先叫狗狗“来”，然后“坐下”，接着再给它一小块零食作为奖励。等一下再让它“握手”，然后再给一块。千万不要没有发出任何指令，而只是当狗狗在看着你时，或者用爪子抓你时就给它吃，那样会让它误认为这是对这些动作的奖励。

② 用指令结束“下午茶”时间

当主人不准备再给狗狗吃的时候，可以发出一个结束“下午茶”时间的口令，例如“没有了”，同时摊开两手手心给它看一下，作为手势。然后主人自己可以继续吃，但就是不要再去理会它做出的任何反应，也

不要看它。

通常第一次结束的时候，狗狗会盯着主人看，用爪子抓主人，甚至主动把学过的所有动作都表演一番，这时主人千万不可以心软，哪怕你朝它看了一眼，都是在鼓励它继续那么做。“没有了”就是没有了，不能说话不算数，说了“没有了”又再给狗狗吃，那样指令就没效啦！

如果你能坚持不看、不理、不给的“三不政策”的话，最多5分钟，狗狗就会放弃努力，乖乖地到一边趴着休息去啦！几次之后，当你再发出结束指令时，它就不会再做出乞讨动作，而是很快地到旁边趴着去了！

3. 狗狗已经养成了乞讨零食的习惯，如何纠正

纠正的方法和预防的方法相同，你可以选择从此以后再也不跟狗狗分享零食；也可以选择更加“狗性化”的第二种方法——由主人掌控开始和结束吃零食。要注意以下几点。

① 由于狗狗已经有过讨到零食的成功经验，因此刚开始改变游戏规则时，它还不能相信，会用更加长的时间、更加剧烈的动作来进行尝试。这时，主人一定要有充分的信心和耐心坚持“三不政策”。

② 家庭所有成员的行为一定要一致。

③ 如果以前你经常在说了“没有了”之后又继续给狗狗吃，那么现在就需要换一个以前没有用过的口令，例如“over”。

4. 案例

我还记得跟留下分享的第一种零食是那种塑料袋包装的小麻花。现在回想起来，其实它当时并没有非常渴望吃这种古怪的、没有肉味的食物。是我自己主动给它尝试的。当然，这种又油又甜的东西很合狗狗的胃口，吃了一口之后，它开始明显露出那种“眼巴巴”的样子，乖乖地坐在我身边等着我继续递给它。从此之后，我便失去了独享零食的“自由”。无论我躲在哪里偷吃，只要塑料包装袋一发出点声音，留下就会

瞬间出现在我面前，露出“可怜巴巴”的眼神。

于是我决定纠正留下乞讨零食的坏习惯。其实，与其说是纠正留下的行为，不如说是纠正我自己的行为来得恰当。

首先要硬起心肠，当着它的面“独享”自己的零食，完全无视它“可怜巴巴”的眼神。刚开始训练时，留下还不知道游戏规则已经改变，仍然像往常一样眼巴巴地望着我。我故意不去看它，自顾边吃边看电视。等了几分钟后，留下以为我没有看见它，开始着急地用爪子碰碰我，提醒我它的存在。我硬起心肠，继续假装不看它，并继续吃东西。大约5分钟不到，就在我快坚持不住的时候，奇迹发生了！小留下居然自己走开去，在附近趴了下来，再也不来看我的零食了。而且看上去它似乎也挺放松的，丝毫没有很纠结难受的样子。

这样的训练重复了两三次之后，我终于又获得了边看电视，边吃零食，而不被留下打扰的自由。

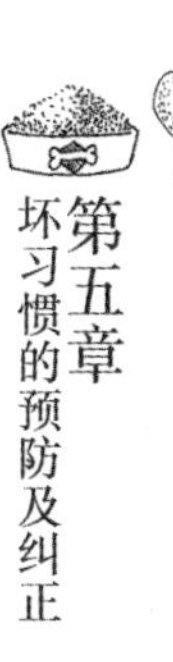

第十二节 桌边乞食

很多狗狗一到主人用餐的时间，就会头一个跑到桌边等着开饭。跟乞讨零食一样，它也会用“可怜巴巴”的眼神，用前爪碰主人的腿等“讨饭”动作来乞求主人从桌上给自己扔点好吃的下来。

为什么这个习惯必须要纠正呢？我的理由有三点。

① 如果主人平时用餐时允许狗狗过来乞食，但来客人时又不希望它过来打扰，这对它不仅不公平，更会造成它的困惑，因为主人的行为前后不一致！

② 不是所有人都懂得什么可以给狗吃什么不可以。如果狗狗来桌边乞食，有些不懂狗的客人容易给它吃一些不应该吃的东西。我就见过有人从饭桌上扔肥肉、鸡骨头、鱼骨头等有害狗狗健康的东西给到桌边乞食的狗狗吃！

③ 最重要的是，这会破坏你辛辛苦苦建立起来的“首领”威信！要知道，狗或者狼“首领”在用餐的时候，是绝对不允许其他成员来分享的。

1. 狗狗为什么会养成到桌边乞食的习惯

跟乞讨零食一样，主人用餐时，狗狗到桌边来乞食的毛病一定是主人给惯的。只要有人曾经在桌边扔过一块肉骨头给狗狗，那么下次开饭的时候，狗狗一定跑得比谁都快，而且会牢牢记住给过自己肉骨头的人。

2. 我刚养了一只小狗，如何才能预防它养成到桌边乞食的习惯

预防狗狗养成到桌边乞食习惯的最好办法就是：所有家庭成员在自己用餐时都一致做到绝对不从桌边给狗狗喂食。

3. 如何纠正狗狗到桌边乞食的习惯

如果狗狗已经养成了到桌边乞食的坏习惯，要纠正的话也并不困难。就跟纠正乞讨零食同样的做法，硬起心肠对狗狗不予理睬就可以了。一般最多5分钟，聪明的狗狗就会明白自己的地位，乖乖到一边躺着去了。只是，因为以前有过成功的经验，所以下次开饭时，它还会过来尝试一下。如果主人能坚持以后一直不从桌边喂食的话，那么几次之后，狗狗对主人开饭这件事就会失去了兴趣。

4. 案例

以前我也觉得自己在桌边大吃大喝，一点也不给留下吃，实在太不够意思了，所以总是时不时地从桌边扔几块骨头给它。结果每次一开饭，它就会到桌边等好。很多时候，桌上并没有适合它吃的东西，它也会一直在那里等。

留下为了吃很会动脑筋，“讨饭”的花样很多。通常是先“眼巴巴”地望着我，等不到，就会用小爪子来拍拍我；再等不到，又会脱下我脚上的拖鞋，叼到一边等着，一听到我说“拖鞋给妈妈”的口令时，立即讨好地递上拖鞋，企图用劳动换点好吃的。

但是，我从留下身上明白了不和“下属”分享食物的做法是正确的，也是符合狗狗世界的逻辑的。

留下在丽江束河古镇旅游的时候曾经和金毛Jacky艳遇，演绎了一段动人的爱情故事。虽然Jacky的身高是留下的几倍，但还是可以明显看出，在两只狗的相处过程中，留下一直是以“首领”自居的。其中一个有力的证据就是，每到开饭的时候，它就一反平时小鸟依人的温柔模

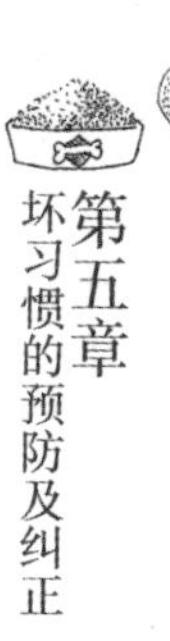

样，突然反目，怒吼着把Jacky赶出门，然后才开始独享美食。直到它“酒足饭饱”，心满意足地主动离开饭盆了，才允许可怜的Jacky过来舔食自己的残羹剩饭。而面对“女王”的吼叫，高大的Jacky居然毫不反抗。而且在“挨训”之后，以后每到用餐时间，就自动离“女王”的饭盆八丈远，一副逆来顺受的样子。等到吃完饭，留下则又会和Jacky你侬我侬起来，亲热得不得了，仿佛根本没有刚才那回事似的。

道理是明白了，但是做起来还是有点困难。最关键的就是要家庭所有成员都认同这个道理，统一行动，不在桌边给狗狗喂食。如果家里来客人的话，也要跟客人提前说清楚。而且一定要所有的时候都行动一致。千万不可这次给它吃，下次又开始做规矩。这样对狗狗真是一件很痛苦的事。

可能因为留下养成桌边乞食坏习惯的时间不长，所以纠正起来相当顺利。我只是对它在桌边的一切乞食行为都不予理睬，5分钟不到，它就放弃了努力，自觉地到一边趴着去了。

第十三节 进门扑人

但凡狗主人，在回家时一定会受到狗狗超级热情的问候，我们家留下就是这样。

无论我离家是5分钟还是5个小时，当我回到家时，它都会热情如火地扑到我身上，给我一个大大的拥抱。仿佛在这个家里，它是最欢迎我回家的。每当此时，一切烦恼都会随之烟消云散。相信所有宠物狗主人都会有同感吧！为什么还要纠正呢？

如果你能保证每次都这么享受，不会因为有一天你身上穿的特别昂贵漂亮的新衣服被狗狗的热情拥抱弄破了，或者某天你手上拿的刚从超市买来的鸡蛋被它撞到地上打碎了，或者当某一天毛茸茸的小家伙长成了几十斤重的大小伙子，体重加上冲力把你身上弄得青一块紫一块时，你也不会对它大声斥责它的话，那么也许你可以不必纠正狗狗的这种问候方式。否则，如果你时而对狗狗的热情报以笑容和表扬，时而又加以责骂，狗狗一定会困惑不已。

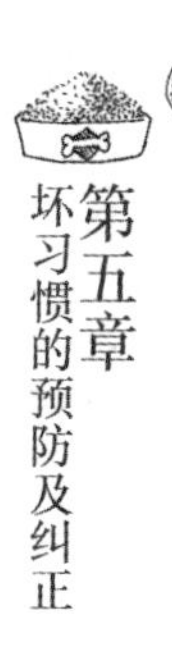

此外，如果你和家人都很喜欢狗狗的热情拥抱，那么狗狗就很容易对所有的访客，甚至在路上碰到的陌生人都以同样的方式来表达它的热情，从而引起不必要的麻烦。

1. 狗狗为什么喜欢扑人

跟人类之间见面握手、拥抱一样，狗狗在见面时喜欢用互闻吻部（嘴部）表示问候。在狼群中，低等级的成员还会在重逢时用舌头舔头狼的嘴巴以示尊重。据说这个习惯源于幼狼舔母狼嘴部刺激母狼反刍以获得食物的行为。

由于直立行走的人类远比狗高大，为了能够成功地舔到主人，狗狗就会不自觉地采用后腿站立，前腿扑在主人身上的姿势，以便能尽可能地接近主人的嘴部，有时还会用跳跃来增加自己的高度。

此外，由于对于狼群来说，每一次出门打猎都有可能遭遇意外，每一次的分别都有可能是永别，因此每一次重逢都充满了生的喜悦，必须要进行仪式性的问候。狗狗遗传了祖先的这个习性。无论跟主人分离了多久，哪怕只有几分钟，重逢时都会毫不掩饰心中的欢喜，扑到主人身上，一丝不苟地履行问候仪式。尤其是当它还是一个毛茸茸的小家伙时，几乎没有人能抵制得了这种毫无保留的热情。然而，当主人充满爱意地回应狗狗的拥抱时，就是在用肢体语言告诉它：我很喜欢你扑我！下次继续这么做吧！

受到了鼓励的狗宝宝于是就学会了用扑人的方式来表达自己对所喜爱的人的问候。

2. 我刚养了一只小狗，如何才能预防它养成扑人的习惯

要预防狗狗（尤其是大型犬）养成扑人的习惯，同时又能享受狗狗这种天生的热情，最好的办法就是**由主人来掌握问候的主动权**。

① 主人刚进门时，应先忽略狗狗，径直去做自己的事情。

例如放好手中的物品，换上一件家常衣服。如果狗狗扑到你身上，只要用手将它轻轻推开即可。不要看它，也不要跟它说话或者骂它，更不要接受它的拥抱。

② 等狗狗平静一点以后，主人再主动地热情问候它。

这个时候，随便你想怎么拥抱小宝贝都可以！聪明的狗狗很快就会学会：主动去扑主人是不会得到回应的，安静地等待才会引起主人的注意。

还有一个方法就是由**主人来决定问候仪式的形式**，引进一种新的、和扑人“不兼容”的问候仪式，使得狗狗在做了主人要求的问候方式的同时，无法做出扑人的动作。例如以下几种。

① 主人可以一进门就蹲下，把自己降到跟狗狗同样的高度。这样狗狗可以轻而易举地舔到主人的脸，完成它自己的问候仪式，就没有必要再跳起来扑人了。等狗狗舔了几下之后，主人就可以站起来做自己的

事，不要再理会它。

② 主人可以一进门就要求狗狗“坐下”，然后奖励。

③ 主人还可以一进门就跟狗狗玩个拔河游戏，或者捡球游戏。

主人蹲下和莉莉拥抱

3. 如何纠正狗狗扑人的习惯

纠正的方法和预防的方法相同，要注意以下几点。

① 刚开始采取“三不”方针时，狗狗会继续尝试原来的扑人动作，时间会更长，程度也会更激烈，需要主人有足够的耐心。一般最多5分钟，它就会偃旗息鼓了，在它安静下来的瞬间，主人要抓住时机立即表扬，并主动拥抱作为奖励。

② 所有家庭成员，包括访客都要一致采取“三不”方针。

4. 案例

留下刚来的时候，因为我自己无意识的鼓励，很快养成了扑人的习惯。后来我决定对它进行纠正。

刚开始训练的时候，我轻轻推开扑上来拥抱我的留下，极力控制自己想去回应它的热情的欲望，不去注视它的眼睛，径直向卧室走去。小留下尝试了两次都被我推开之后，困惑地跟着我到了卧室，但只是在一旁观察我，没有再企图扑上来。我在卧室换了件衣服，转过身来，对留下露出一个大大的笑容，然后热情主动地抱住它亲了又亲。受到妈妈拥抱的小留下立刻变得高兴起来，在我的脸上舔了又舔，表示回应，丝毫不计较刚才我对它的冷淡。

在这一瞬间，我知道自己成功了。

在跟狗狗相处的过程中，我们还是可以尽情地去享受宝贝对我们的热情，但关键是，要把主动权掌握在自己的手上。

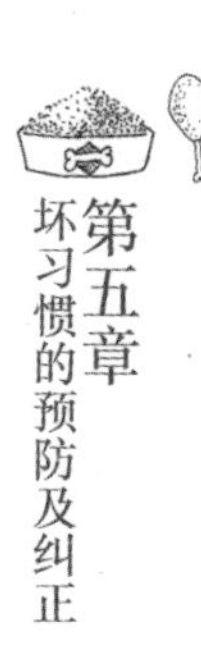

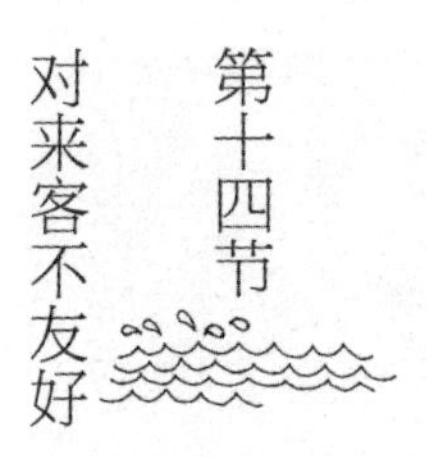

第十四节 对来客不友好

有的狗狗似乎天生喜欢人类，无论熟识与否，它们对任何上门来的访客都热情友好，甚至热情过了头，见了人就扑上去拥抱、亲吻。但更多的狗狗对于陌生来客则抱有一种警惕的敌意，客人还没进屋，就开始对着他们狂吠，摆出一副攻击的姿态。要是遇到怕狗的客人，尤其是女客和孩子，高声尖叫着逃跑的话，它还会一边吠叫一边追赶，令主人尴尬不已。随着这种攻击行为的加剧，到家里来的客人也会越来越少。

1. 狗狗为什么会攻击访客

家犬从祖先狼那里遗传了很强的领地意识。对于任何擅闯领地的陌生人，它们首先会假设对方是“敌人”，因此会通过吠叫、扑咬等攻击行为进行驱逐。

作为人类，当你想进入一个陌生人的家里时，你需要遵守人类社会的礼仪：先敲门，等主人开门，做自我介绍，经过主人允许，说“请进”之后，才可以进去。否则，你就有可能被主人骂出门去，说不定还会挨上一顿打。

犬类也有它们自己的礼仪。当一只陌生狗狗想要进入另一只狗狗的领地时，有礼貌的做法是先在距离领地稍远的地方站住，如果“主人”没有吠叫，再慢慢地接近，并在领地边界让“主人”闻自己的气味。如果“主人”检查后，没有做出驱逐的举动，而是离开了边界，则表示“请进”。这时候才可以进入对方的领地。

遗憾的是，人类文明和犬类文明使用的是完全不同的两套标准。一般当主人开门后，客人不会站在门口不动，而是会很快进入房间。这对狗狗来说已经是很不礼貌的行为了。更为“粗鲁”的是，有些客人为了表示友好，还会直视狗狗的眼睛，同时伸出手去试图拍拍狗狗的头顶。这已经不是不礼貌，而是挑衅了！因此，狗狗往往会迅速做出“来者不善”的判断，并果断开始对着来客吠叫，希望尽快把“敌人”赶走。

可是，狗狗的吠叫令主人很尴尬。于是，主人开始高声呵斥“不许叫!”。主人激动的情绪不但没能让狗狗安静下来，反而让它觉得自己的判断没有错：连主人都开始“吠叫”了呢！于是，狗狗叫得更凶了。

如果客人特别怕狗，尤其是女客和小朋友，这时候往往会高声尖叫甚至放声大哭，同时在房间里乱跑。这些都会进一步刺激到狗狗。它开始更加激烈地边吠叫，边追逐客人，甚至做出空咬的动作。尴尬万分的主人只好把不懂事的狗狗痛打一顿，并关进房间。这样，这一类特殊客人就给狗狗留下了负面的印象。下次如果再遇到此类客人，狗狗很有可能一见面就会直接采取扑咬、追逐等更高级别的警告。

2. 我刚养了一只小狗，如何才能预防它养成攻击客人的习惯

① 让狗狗做出来者为“友”的判断

虽说驱逐擅闯“领地”的“敌人”是狗狗的天性，但前提是它必须把来客认定为“敌人”。而我们可以通过从小对它进行足够的社会化训练（参见“第三章　第二节　社交能力训练”），来让它做出来者为“友”的判断。

在狗狗的社会化窗口（4~5个月之前）关闭之前，尽可能多地请各种类别的人，包括男人、女人、老人、小孩等，到家里来做客。并请客人用手给狗宝宝喂食，跟它游戏等。这样，狗狗长大后不仅会对上门来的客人习以为常，还会很有好感，也就不会轻易把他们当成“敌人”处理了。

② 培养正确的迎客礼仪

每次有人敲门时，先用肢体语言让狗狗退后，并“坐下别动”，然后由主人上前开门，等客人进门后，给狗狗零食奖励（最好由客人喂食），然后“解散”。

3. 如何纠正狗狗攻击客人的习惯

对于已经有攻击行为的狗狗，可以通过以下措施来让它做出来者为“友”的判断：

① **主人应成为狗狗承认的“首领”**（参见“第四章　第三节　人类如何做狗狗的首领”）

② **培养正确的迎客礼仪**

③ **事先请求客人遵守犬类的“礼仪”**

在客人到来之前，预先告诉他们进门后应怎样做。

进门后先站在门边不动，并保持放松的姿势和主人聊天。同时采取对狗狗“不看，不理，不碰”的“三不”政策。

狗狗吠叫一会儿后，会上前用鼻子嗅客人的脚。这时客人应保持不动接受“检查”。

等狗狗“检查”完毕，主动离开客人后，再进入房间。

如果主人觉得让客人站在门口接受狗狗的“检查”显得对客人不礼貌，也可以让客人先进门，但是要告诉他狗狗有可能会对他吠叫，让他不要害怕，采取“三不”政策。狗狗就会很快安静下来。

④ **狗狗对客人吠叫时，主人应保持镇静**

如果可以，主人最好对狗狗的吠叫置之不理，淡定地和客人聊天。狗狗看到“首领”很淡定，在叫了几分钟后，也会随之放松下来。如果实在不希望它继续吠叫，可以用很平静的语气发出“别叫”的指令，并在它停止吠叫后，立即奖励（训练方法参见“第六章　第六节　别叫”）。并且最好由客人来“发放奖品”。

⑤ **补习“社会化”训练**

请尽量多的各种类别的朋友到家里来做客。来访的客人除了要遵守犬类的“礼仪”之外，还应在狗狗放松以后给它喂食，或者跟它游戏等，以便让它建立起“来客人=好事发生”的“好的”条件反射。要注意的是，刚开始训练的时候一定要请一些不怕狗的爱狗人士。

如果狗狗已经出现了咬人的攻击行为的话，最好请专业人士指导。

4. 案例

留下刚来的时候，有很长一段时间几乎没有接触过人类的小孩。直到有一次，朋友带着4岁的女儿来家里玩。没想到平时温顺的小留下突然冲到小女孩面前，对着她龇牙咧嘴地狂吠，顿时把小姑娘吓得大哭起来。我知道这样的哭声会让留下更兴奋，就让小姑娘快别哭。可是她只顾自己号啕大哭，根本就不听我的。这让爸爸觉得在朋友面前很难为情，于是就大声呵斥留下，让它不要叫。但主人不淡定地高声责骂，只会让狗狗更加激动，于是家里狗的叫声、孩子的哭声和爸爸的骂声交织在一起，场面相当混乱。

同样的场景后来又重复了几次。我们再也不敢邀请带小孩的朋友来家里玩了。

我6岁的外甥女娜塔丽的到来终于让我有机会教会留下如何跟人类的孩子交往了。

娜塔丽因为放暑假要到在我家住将近两个月。到我家之前，小朋友就急切地问我应该怎么样对待留下。于是，我告诉她："跟狗狗相处，最重要的是要学习做它的首领。因为那是留下的家，你作为陌生人到它家里去，它会觉得自己是主人，所以，一开始，它很有可能会对你叫，但是绝对不会咬你。而你要做的是：在它叫的时候，站住不要动。这样狗狗就会知道你不怕它，你也不会伤害它。叫上几分钟后，它自己就会觉得没趣，就不叫了。这时候，你做首领就成功了第一步。记住，千万不可以尖叫、大哭，或者逃跑，那样会让狗狗更加兴奋，而且会认为你害怕它，然后叫得更凶，甚至追着咬你。然后呢，我会给你一点留下的零食，由你来发给它吃。如果狗狗发现你有分配食物的权力，就会认为你的地位比它高，你做首领就基本成功了。"

回到家后，留下注意到家里多了个陌生的小孩，果然就按我预料的那样对娜塔丽狂叫起来。幸亏娜塔丽把我的话记得很牢，镇定地站在原地，既没有尖叫，也没有逃跑。大约过了2分钟，大概是觉得来者并不可怕，留下自觉地停止了叫声。一看时机到了，我赶紧让娜塔丽把早就准备好的"高级"零食递给留下。尝到了甜头之后，留下开始放松了，

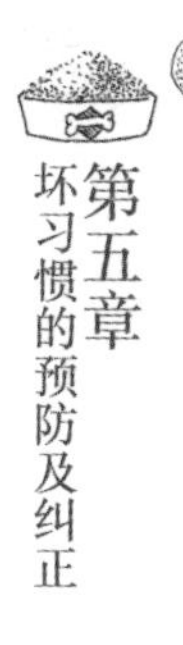

对娜塔丽的敌意明显减少，不但停止了吠叫，还对她轻轻摇起了尾巴，表示友好。

不到半天，留下就和娜塔丽成了好朋友。而且，在朝夕相处了9天之后（本来我预计是要10天的），成了娜塔丽最渴望的“跟屁虫”，娜塔丽到哪里，它就跟到哪里。

这以后，我们家里又来过一些小朋友，在娜塔丽的帮助下，都成功地度过了第一关，成了留下的好朋友。现在，留下不但不会攻击，而且喜欢所有看上去跟娜塔丽一样镇定、文气、温柔的小朋友。

娜塔丽和小米在给留下按摩

第十五节 叫个不停

吠叫可以说是最难纠正的行为了，原因有以下三点。

① **遗传基因的作用**

由于吠叫能起到报警和警告敌人的作用，因此人类最早刻意选择了那些喜欢吠叫的狼作为自己的伙伴。经过一代又一代的选择，吠叫成为狗的本能之一。

② **没有可以替代吠叫的行为**

对于其他因为本能而造成的坏习惯，例如啃咬家具，我们可以通过引导狗狗啃咬“合法”物品来满足需求，从而改掉坏习惯。但是却没有这样一种“合法”行为可以替代吠叫。

③ **首领支持**

有些行为，我们可以利用“首领”权威进行纠正，例如抢食。但在狗狗的世界里，吠叫实在称不上是什么“坏习惯”，相反，它们喜欢一呼百应。只要有一只狗开始吠叫，别的狗，包括首领都会开始不同程度的吠叫。即便是首领有时候觉得没有跟着一起吠叫的必要，但也绝对不会出手制止下属吠叫。

要想纠正狗狗叫个不停的习惯，必须从根源入手。

1. 狗狗为什么会养成叫个不停的习惯

狗狗最经常发出的吠叫声有以下几种。

① **看门叫声**

当有可疑人物经过领地时，狗狗一般会发出“汪，汪，汪汪汪汪！”

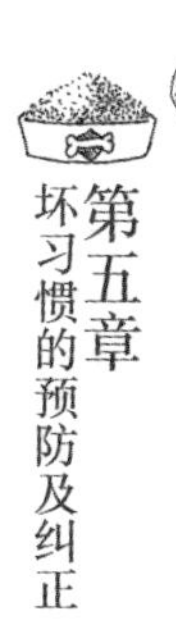

的叫声。前面是两声短促的“汪，汪”，中间短暂间隔。这是对群体中的其他成员（例如主人）发出报警：注意！有情况！然后跟着一长串连续的叫声“汪汪汪汪”，这是对敌人发出警告：不要靠近！

如果“敌人”很快离开了，例如普通的路人，那么狗狗也就会随之停止吠叫。如果“敌人”继续靠近，甚至停留在家门口，做些令狗生疑的事情，例如按门铃、敲门、喊叫等，那么狗狗就会叫得更凶。

② 警告敌人

当狗狗遇到让其感到害怕的人或狗时，它会皱起鼻子，露出牙齿，发出一声短促的叫声“汪！”警告对方不要再继续靠近。如果对方继续接近，它会再发出几声短促的叫声“汪，汪”，接着根据情况将警告升级。如果对方离开了，吠叫声也会随之停止。

③ 呼唤同类

当有同类经过领地，或者狗狗发情期在家里闻到了异性的气味，又或者听到远处有同类在吠叫等情况下，狗狗通常会仰起脖子，发出“嗷……呜”的嚎叫声或者“汪汪汪汪汪……”先短后长的吠叫声，这是狗狗在呼朋唤友。

④ 请求帮助

有些狗狗在希望获得主人的帮助时，会重复发出有间隔的短促叫声“汪，汪，汪”，直至达到目的。

⑤ 百无聊赖

有时候，如果狗狗被长时间单独关在家里，又没有足够的玩具，那么百无聊赖的狗狗会有一搭没一搭地发出“汪，汪，汪”这种短促，有间隔，不太响亮的吠叫声。我有一次经过一楼的一户人家，只见他们家的萨摩耶双脚搭在窗台上，眼巴巴地望着窗外，每当有路人经过时，它就会抱着一线希望发出几声“汪，汪”的吠叫声，希望能引起路人的注意。这是很典型的“百无聊赖”的吠叫。

吠叫是狗狗的本能。但是，环境因素（包括主人的行为）会强化或者弱化这种本能。

① 针对第一种情况——看门叫声

如果狗狗从小生活在鲜有陌生人经过的、安静的环境中，那么当它长大后突然到了一个经常会有一些陌生声音的环境中时，狗狗就会因为害怕而经常发出吠叫，来向主人报警并警告“敌人”。

② 针对第二种情况——警告敌人

第二种情况的实质和第一种情况是相同的，都是出于害怕。只是第一种情况是隔着门，第二种情况是直接面对。如果在狗狗 4 ~ 5 个月前主人没有对它进行良好的社会化训练（参见“第三章　第二节　社交能力”），那么等它长大后，就比较容易在遇到陌生人 / 狗时，因为害怕而做出吠叫等攻击性行为。

③ 针对第三种情况——呼唤同类

通常，当狗狗发出这种吠叫时，是因为很想跟同类接触。如果狗狗一叫，主人就开门让它出去和小伙伴玩，那么这种行为就得到了强化，以后如果主人不开门，狗狗会叫得更厉害。

④ 针对第四种情况——请求帮助

第四种情况是最有意思的。不同品种的狗会有不同的情况。有的狗狗习惯于自力更生解决问题，从来不会用叫声主动请求主人的帮助。有的狗狗则遇到问题，首先想到的就是用叫声来获得主人的帮助。例如同样是遇到网球滚到电视柜底下的问题。留下就从来不会冲着我叫，而是会锲而不舍地尝试用爪子去够或者匍匐前进爬到柜子底下去设法自己拿到球。而瓯弟则根本不会做任何努力，直接就开始叫，直到它爸爸过来帮它拿到球为止。一般说来，血缘跟狼越近的狗狗越倾向于自力更生，跟狼越远的越愿意请人类帮忙。

无论是哪种品种的狗，其实都不会一开始就用叫声来引起主人的注意。往往刚开始它采取别的方法没有引起主人注意，而当它开始尝试吠叫之后，主人立即满足了它的要求，于是它很快就学会了用吠叫来提要求。例如有的狗狗刚开始一直乖乖地趴在地上。主人见它很安静，就忙着做自己的事情，没有理它。小狗实在无聊了，就尝试用吠叫来引起主人的注意。主人听见叫声，才想起自己已经很长时间没有理会它了，于是内疚的主人赶紧带上狗狗出去玩。这样，吠叫的行为就得到了奖励，下次狗狗想出去玩的时候就会对主人吠叫了。

⑤ 针对第五种情况——百无聊赖

第五种情况和第四种类似，狗狗吠叫的目的都是希望能引人注意。只是因为这种情况大多发生在主人不在家的时候，此时狗狗的吠叫最多也只能引起路人的驻足观看，因此这种吠叫的程度通常不会太激烈。

2. 我刚养了一只小狗，如何才能预防它养成叫个不停的习惯

首先，如果你不喜欢太会吠叫的狗狗，那么在刚开始选择狗宝宝的时候，最好就挑选不太会吠叫的品种。并且了解小狗父母的情况。

其次，要针对上述不同情况，采取相应措施。

① 针对第一种情况（看门叫声）和第二种情况（警告敌人）

从小进行足够的社会化训练。

为了预防第一种情况，可以做这样的训练：每当有邮递员或者快递员到来的时候，请他们帮忙给狗狗吃点零食。请朋友帮忙在门外按门铃或者敲门，门铃/敲门声响的时候，主人就给狗狗零食。还可以请人帮忙用各种脚步声经过家门口，请小孩子在门口尖叫等。而每次发出这类声音时，主人就在房间里给狗狗吃零食，或者跟它玩个游戏等。总之，要让它从小就熟悉家门口可能会产生的各种声音，同时，在有这种声音时给它正面的反馈。为了预防第二种情况，则可以进行类似的训练，即让狗狗从小熟悉尽量多的刺激物，并且都让它获得至少是中性，最好是正面的反馈（参见“第三章　第二节　社交能力训练”）。

当然，我们不可能让狗狗在4～5个月前接触到今后一生中可能会碰到的所有刺激物。但是如果从小进行足够多的训练的话，狗狗会变得很自信，将来即使遇到了以前没有接触过的声音或者事物，也不会因为害怕而叫个不停，而是会较快适应。

② 针对第三种情况（呼唤同类）

犬类是群居动物，自从进入人类社会以来，大部分宠物犬自幼就失去了和小伙伴们一起生活的机会。因此，偶尔在家，和远方的朋友一起通过嚎叫来沟通一下，有益于狗狗的身心健康，也有助于快速消耗狗狗过剩的精力。所以我的建议是，在不过分干扰生活的前提下，给狗狗呼

唤同类的自由吧！主人要做的是，对它的这种叫声不予理睬，更不要它一叫就立即开门让它出去找小伙伴。

如果主人觉得狗狗的这种叫声在当时影响了自己或者邻居的话，可以通过“止吠”训练让它停止吠叫（训练方法见“第六章　第六节　别叫”）。

此外，公狗，尤其是一些大型犬，在发情期间会长时间对着窗外嚎叫，那是求偶的叫声，等发情期过去会自然好转。如果不希望狗狗发出这种叫声，最好是给它做去势手术。

③ 针对第四种情况（请求帮助）

第一，主人最好能主动关心狗狗，在它采取吠叫的策略前就了解并满足它的需求。

例如，在狗狗安安静静地独自待了3～4小时后，主人能主动陪狗狗玩上5分钟，或者带它出去散个步；当狗狗的网球滚进柜子底下后，主人能在狗狗自己努力去够的时候，就帮它把球捡出来。

第二，在狗狗吠叫时，不予理睬，等安静下来再满足要求。

如果因为主人的疏忽，狗狗不得不采取吠叫的方式来提醒主人注意时，一定不能在它正在吠叫的时候满足它的要求，而应当先不予理睬，在它停止吠叫的瞬间，立即予以表扬，然后再满足它的要求。

④ 针对第五种情况（百无聊赖）

第一，尽量避免让狗狗处于精力充沛而又百无聊赖的状态下。

最好不要让狗狗连续4小时以上独自待在家里。如果必须要离开狗狗超过4小时，最好请人在中间带狗狗出去散步，这样可以把长长的独处时间分割成较短的两段。

在需要离开狗狗较长时间之前，带狗狗充分运动，消耗精力。主人离家后，狗狗在家里能有足够的玩具。

第二，避免把狗狗放在能看到户外景象的地方。

有的主人在需要长时间外出时，为了怕狗狗寂寞，往往喜欢把它放在阳台、窗台、院子等地方，希望它能通过看外面的风景解闷。这样做的后果就是，寂寞无聊的狗狗看到过往的行人、车辆及同类时，都会不停地吠叫，企图引起他们的注意。而如果是在院子等能近距离看到外人的场所，胆小的狗狗还可能因害怕而发出更为强烈的警告性吠叫，以及追逐、扑咬等攻击性动作。

3．如何纠正狗狗叫个不停的习惯

要纠正狗狗叫个不停的习惯，首先也是要根据不同的吠叫类别，从根本上来缓解狗狗吠叫的行为。

（1）针对第一种情况（看门叫声）

我们已经知道，这种情况实质上是因为狗狗害怕而引起的。尤其是因为门关着，狗狗无法对外面的情况作出准确的判断，因此只要听到一点可疑的动静，就先把它当成“敌人”处理。要改善这种情况应从以下几方面着手。

① 主人必须成为狗狗认可的首领

② 主人应保持镇静

每次狗狗激动地发出报警的吠叫声时，主人不要高声训斥，那样只会让它更加激动。如果狗狗叫得不厉害，没有一次又一次地跑到主人跟前来报警，可以采取置之不理的态度，继续淡定地做自己的事情。狗狗见“首领”没有反应，知道没有危险，也就会很快安静下来。

③ 让狗狗观察到门外的情况

如果狗狗连着几次跑到主人跟前来报警，然后又跑到门口的位置去警告“敌人”，主人可以走到门口，用腿轻推狗狗，让它退后，同时示意它“别动”，然后开门，并让它看一眼门外的情况，然后关上门，并用温柔的语调告诉狗狗“没事儿”。狗狗看到门外确实没有什么威胁，而且“首领”也已经亲自察看过，也会很快放松下来。主人应等到狗狗安静下来后，进行表扬，然后再离开。

④ 有针对性地进行脱敏训练

如果狗狗每次听到一些常见的声音， 例如邮递员或者快递员到门口，按门铃或者敲门声，楼道里邻居大声说话或者急速的脚步声等，都会激动地吠叫，可以按照预防方法针对这些声音进行脱敏训练。

（2）针对第二种情况（警告敌人）

这种情况也是害怕引起的。要改善这种情况可以从以下几方面着手。

① **最简单的方法就是“惹不起，躲得起”**

当主人发现狗狗已经发出表示害怕的初级警告——停住脚步，绷紧肌肉，注视来者时，就赶紧牵着它朝远离对方的方向走。这个方法的好处是简单，见效快，缺点是不能加强狗狗的自信心，会让它越来越孤独。适合在刚开始的时候使用。

② **主人必须成为狗狗认可的首领**

③ **主人必须在“险境”中保护狗狗**

注意，这个“险境”是以狗狗为标准的。因此，当主人发现狗狗已经发出表示害怕的初级警告时，应立即“出手赶走来者”。例如用语言请求对方主人把它的狗狗牵走。如果来狗没有牵绳的话，主人可以上前用身体挡在对方面前，逼退对方。

如果狗狗发现“首领”能不费吹灰之力就赶走“敌人”的话，不仅不会再发动吠叫等攻击行为，还会对“首领”崇拜有加，主人的“首领”地位会因此而大大得到巩固！

④ **主人必须保持镇静**

当遇到可能让狗狗害怕的人或狗时，主人一定要保持镇定，不要做出猛拉牵引绳、突然疾速奔跑、高声尖叫，或者猛地一下把它抱到怀里之类的举动，因为这些动作都在向它传递着同一个信息：我们遇到可怕的敌人了，我很害怕！狗狗接收到这个信息之后，就会迅速做出反应，向对方发出吠叫等攻击性行为。

即使主人想采取第一种方法，也应该故作镇静，让牵引绳保持松弛，用正常的步速牵着狗狗朝反方向走。

⑤ **脱敏训练**

当主人发现狗狗已经发出表示害怕的初级警告时，应立即停止前进，或者稍微后退几步，让它和对方处于安全距离之下。然后让它坐下，温柔地跟它说话，给它吃点零食等。等狗狗放松之后，再让它略微靠近对方。注意，靠近的距离以狗狗不感到害怕为宜，千万不要强迫。要有足够的耐心，让它自己决定是否要靠近。

这个训练最好找专业人士进行。

（3）针对第三种情况（呼唤同类）（与预防方法相同）

（4）针对第四种情况（请求帮助）

纠正的方法和预防的方法相同，重点都是以下两点。

① 主人最好能在狗狗叫之前主动满足它的要求。

② 狗狗用吠叫来提要求时，不要理它，等停止吠叫的瞬间立即表扬，并满足其要求。要注意的是以下几点。

① 主人须有足够的耐心和信心

因为狗狗之前已有多次用吠叫来满足要求的成功经验，所以刚开始主人不理它的时候，它会用程度更强、时间更长的吠叫声来引起主人的注意。这时一定要坚决实施“不看，不理，不满足”的“三不”政策。

② 及时奖励

在狗狗叫累了，或者开始感到困惑的时候，它会暂停一下。这个间歇非常短，主人一定要善于抓住这个时机奖励。以后这个间歇就会逐渐变长，而叫声的持续时间则会逐渐变短，直至消失。

③ 所有家庭成员在所有时间都要保持一致

只要有一个人有一次在狗狗吠叫的时候为图耳根清净满足了它的要求，下次它就会用更长久的吠叫来尝试。

（5）针对第五种情况（百无聊赖）（与预防方法相同）

除了从根本上纠正吠叫的习惯之外，还可以通过“止吠”训练，在任何时候狗狗发出吠叫时，根据主人的指令让其迅速停止吠叫（训练方法参见“第六章　第六节　别叫”）。但是，如果不消除引起其吠叫的刺激，那么狗狗只会暂时停止吠叫，等主人奖励完之后，还有可能继续吠叫。

第六章 技能训练

在经过了“素质教育”和“坏习惯纠正”之后，我们已经拥有了一只“懂文明，讲礼貌”的乖狗狗。现在开始，我们可以教狗狗一些实用、有趣的技能，让狗狗变得更加惹人喜爱。

1. 训练注意事项

① 训练的时间

最好是在狗狗比较饿的时候，那样零食的激励效果会更好。

② 训练的场所

狗狗就像小孩，注意力很容易分散。因此，在训练新动作的时候应在没有外界干扰的地方进行。

③ 训练的长短

狗狗的注意力最多集中5分钟左右。所以一次训练的时间一般不要超过5分钟，只要狗狗能成功做好一次动作就可以了。

④ 训练的原则

训练时最重要的是要坚持做对了才奖励，以及奖励要及时的原则。千万不要被狗狗可怜巴巴的眼神所打动，在它没有做对动作的时候就给它吃的，那样它就不知道什么是对，什么是错了。留下每次在学新动作的时候，都会先把它以前学过的一整套动作一个一个轮番做一遍，企图蒙混过关。但是当我强忍住笑，不予奖励，继续坚持教它新动作后，它就会开动脑筋，接着很快就学会了。

⑤ 训练的方法

同一个动作，训练的方法可以有很多种，可谓“条条大路通罗马”。只要掌握了驯犬的原理，可以“因材施教”，不一定要拘泥于训练书上讲的方法。

⑥ 勤于复习

狗狗虽然聪明，一个动作一般训练5分钟就能学会，但是学得快，忘得也快。如果不经常复习，很快就会还给老师的。我认识一只名叫“宝宝”的古牧。它妈妈曾花6000元送它去上学。但是在学校里老师教了4个动作，回到家就只会3个了，过了几个星期连1个也不会了。其实，最应该去上学的不是狗狗，而是狗主人。主人要是不知道该怎么教育，花再多钱给狗狗去上学也没有用。

⑦ 变换顺序

学习了两个以上的动作以后，要经常变换动作的顺序，否则狗狗会“猜测”你的要求，按照固定顺序做出动作，而不是真正理解你的指令。

⑧ 训练的普遍化

狗狗善于观察周围环境细微变化的特点在训练上却成为了一个障碍。在一种环境下学会的动作，到了一个新的环境下有可能就不会了。例如在家里学会了“坐下”，不等于到了户外狗狗也能立即做出正确反应。因此，任何动作在学会之后，都应尽量到不同的环境下，由不同的人重新再进行训练，这样才能保证狗狗在任何环境下，对于任何人的指令都能迅速作出正确反应。这就叫做训练的普遍化。当然，进行普遍化训练比新学动作要容易很多。

2. 术语说明

在后面所有的训练中会用到以下术语。

①“表扬”= 口头表扬 + 抚摸 + 欣喜的表情和语气。

②“奖励”= 口头表扬 + 各种初级奖励，包括食物、游戏、散步等各种狗狗希望得到的东西。

③“指令”= 手势和/或口令

④“单元”= 1 节课。每次可以连续上 1 ~ 2 节课。每次上新课时，应先复习上一课的内容作为热身。

⑤ 所有手势/口令均可由主人任意创造，无需跟书中一模一样。但手势如能尽量和诱导动作类似，会有利于狗狗理解。

3. 技能训练的方法

所有的技能训练我们都会采用以下“三部曲”的方法来进行。您在熟悉了这个方法之后，可以自己设计出新的动作来教狗狗。

① **让狗狗做出期望的动作**

具体方法包括：等待狗狗自然做出该动作（例如起床后伸懒腰的动作）；用食物、动作、声音等诱导狗狗做出该动作；使用外力机械强迫狗狗做出该动作；以及通过逐渐提高标准来获得该动作，也就是所谓“塑造”（shaping）的方法。在后面的训练中，我们会用到前三种方法，其中用得最多的是第二种——诱导的方法。“塑造”因为难度较高，在本书中暂不涉及。

② **通过奖励强化该动作**

③ **添加手势及口令**

4. 说明

因为篇幅关系，在本书中我们只介绍素质教育和坏习惯纠正中需要用到的一些技能。

第一节 坐下

1. 动作要求

主人发出“坐下”的指令，狗狗能够臀部着地，做出正坐的姿势。

2. 训练要点

第一单元：动作诱导

① 狗狗处于四肢着地的站立姿势。

② 伸展手掌，掌心向下，将零食夹在拇指和手掌之间，让狗狗看到训练者手中的食物，并引起它的兴趣。

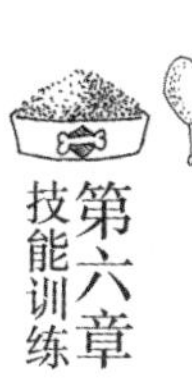

③ 将夹着食物的手掌放到狗狗的鼻子下方，然后将手慢慢地抬高，向狗狗的头顶方向移动。确保狗狗在这个过程中一直在试图用眼睛和鼻子追踪食物。

④ 当狗狗为了追踪食物而仰头，将重心移至下半身，臀部自然着地，呈正坐姿式的一瞬间，将手向下挥，并立即发出“正确动作标记口

用食物诱导狗狗坐下

令”——“对了！”，然后将手中的食物奖励给狗狗。（注意：可根据情况，用另一只手顺势轻按狗狗的腰部，帮助它坐下，但不要强行按压。）

⑤ 重复步骤①~④3~4次，直到狗狗看到训练者伸出的手掌就能迅速做出反应。然后进入下一单元。

注意：

有的狗狗为了吃到食物，一开始不会做出“坐下”的姿势，而是会把嘴往前伸，或者后退几步。这说明训练者和狗狗的距离或者手掌放置的位置不当，应做出相应调整，然后重新开始，对狗狗做出的其他动作都不予理睬，直到出现坐下的动作为止。

第二单元：手势提示

① 狗狗处于四肢着地的站立姿势。

② 伸展手掌，掌心向下，手中不放零食，将手掌放在狗狗头顶前方的位置，从上往下挥手，作为“坐下”的手势。

③ 当狗狗坐下时，立即发出“正确动作标记口令”——“对了！”，然后拿出食物奖励。（如狗狗不坐下，可以用另一只手拿出零食，给它看一下，作为提示。）

④ 重复步骤①~③3~4次，直到狗狗看到“坐下”的手势就能立即做出反应。然后进入下一单元。

说明：

手势在训练中是非常重要的，因为狗狗其实听不懂人的语言，是靠“察言观色”来理解主人对它的要求的，所以手势可以帮助狗狗更快地理解主人的要求。同时，如果训练的时候一直坚持打手势和发口令的话，在一些特殊情况下，如果狗狗无法听见主人的口令，可以靠打手势来让狗狗执行命令。

如果手势和诱导动作类似，可以便于狗狗很快掌握。

第三单元：口令提示

① 狗狗处于四肢着地的站立姿势。

② 发出“坐下”的口令，1秒钟后用手势提示。

③ 等狗狗做出正确动作之后，立即发出“正确动作标记口令”——“对了！”，然后食物奖励。

④ 重复步骤①～③3～4次，每次延长口令和手势之间的间隔1秒左右，直到狗狗听到“坐下”的口令就能立即做出反应。然后进入下一单元。

第四单元：手势和口令交叉提示

在这一单元，我们要训练的是狗狗对手势和口令的单独理解能力。所以训练者应随机单独使用手势或口令作为提示，直到狗狗无论是看到手势还是听到口令都能做出正确动作为止。

如果狗狗对单独发出的口令还有疑惑，可增加手势作为提示，然后再单独发口令。

第二节 坐下，别动

在狗狗学会“坐下”之后，就可以教它“别动”了。这是一个非常有用的服从性训练的基本科目。例如在训练就餐礼仪时，你可以先让狗狗“坐下，别动”，然后再开始就餐的程序。在训练出门顺序的时候，也需要先让它“坐下，别动”，然后等待主人允许再出门。当需要让它安静下来的时候，“坐下，别动”也是很有效的一个口令。

1. 动作要求

狗狗根据口令“坐下”后，主人发出“别动”的指令，狗狗应保持“坐下”不动，直到主人发出允许动的口令——“解散”。

2. 训练要求

第一单元：动作诱导及手势提示

① 站在距离狗狗2～3步的位置。

② 先让狗狗“坐下”。

③ 等狗狗坐下后，左手握零食并向其展示手中的零食。

④ 当它想要站起来吃零食时，主人立即竖起右手手掌，做出交警指挥中“停车”的手势，作为“别动”的手势，同时站到狗狗面前用身体挡住不让它动。然后慢慢后退2～3步。注意，做“别动”手势的时候，表情要严肃，这样有助于狗狗理解。

⑤ 等狗狗坐着保持2～3秒钟后，将食物奖励给它，然后下达允许

活动的口令，如“解散”，并用“来”的口令将其召唤到跟前进行口头表扬。下达“解散”口令时，做出高兴的表情。

⑥ 如果狗狗已提前站了起来，则重新下达“坐下”的指令，等它坐下后再重头开始。

⑦ 重复步骤①~⑤3~4次。直到狗狗看到“别动”的手势，不需要主人上前挡住，就能保持“坐下”不动。然后进入下一单元。

“坐下，别动”

第二单元：口令提示

① 先让狗狗“坐下”。主人距离狗狗2~3步。

② 发出“别动”的口令，1秒后用手势提示。

③ 等狗狗坐着保持2~3秒后，将食物奖励给它，然后下达“解散”的口令，并将其召回跟前口头表扬。

④ 重复步骤①~③3~4次，每次拉长口令和手势之间的间隔1秒左右，直到狗狗听到“别动”的口令能保持不动。

⑤ 发出“别动”的口令，不用手势，等待狗狗反应。重复3~4次进行巩固。然后进入下一单元。

第三单元：手势和口令交叉提示

参见“第一节　坐下”。

第三节 衔回（球）

1. 动作要求

主人把球扔到远处，狗狗捡到球后能够根据指令把球吐在主人手中。

说明：

本科目是针对那些天生就喜欢捡球，但未经训练不愿意把球交还给主人的狗狗。对于那些因为种种原因而不喜欢捡球的，需要先进行捡球的训练。

2. 训练要点

第一单元：动作诱导

① 先拿着球在狗狗面前晃动，以吸引其注意力。当它被球吸引，并且目光注视主人时，再开始扔球。

② 把球扔到远处。距离不要太远，以狗狗乐意跑过去捡球，又能把球叼着回来为宜。太远了，狗狗容易在中途把球吐掉，空着嘴跑回来。

③ 等狗狗跑出去捡到球后，发出召回的口令，同时蹲下身体，并伸出一只手掌。

④ 当狗狗叼着球跑回来时，将伸出的手掌放在狗狗的嘴巴下方，同时用另一只手拿着零食放在它鼻子旁边。

⑤ 当狗狗为了吃到食物而自然张嘴时，用伸出的手掌接住球，同时立即发出“正确动作标记口令”——“对了！”，然后奖励。（如果狗

狗中途就把球扔掉了，说明距离太远，应该调得再近一些。）

⑥ 重复步骤①~⑤3~4次，直到狗狗看到训练者伸出的手掌时就能迅速做出反应。然后进入下一单元。

第二单元：手势提示

① 把球扔到远处。（注意先吸引其注意，然后再扔。）

② 当狗狗跑出去捡到球后，主人蹲下身体，伸出一只手掌，作为“给我”的手势。

（这时一般不用再发“召回”的指令，狗狗会自动跑向主人。）

③ 当狗狗叼着球回来时，将伸出的手掌放在狗狗嘴巴下方，不要向它展示食物。

④ 当狗狗张嘴让球掉落时，用手掌接住球，同时立即发出“正确动作标记口令”——“对了！”，然后奖励。（如狗狗不肯张嘴，应等待片刻，如仍不松口，则需要再用食物诱导一下。）

⑤ 重复步骤①~⑤3~4次，直到狗狗看到“给我”的手势就能立即做出反应。

第三单元：口令提示

① 主人把球扔到远处。（注意先吸引其注意，然后再扔。）

② 当狗狗跑出去捡到球后，主人发出“给我”的口令，1秒后蹲下身体，伸出一只手掌，用“给我”的手势进行提示。

③ 当狗狗叼着球回来时，将伸出的手掌放在狗狗嘴巴下方。

留下被球所吸引

留下将球送到主人手中

④ 当狗狗张嘴让球掉落时，用手掌接住球，同时立即发出“正确动作标记口令”——“对了!”，然后奖励。

⑤ 重复步骤①~④3~4次，每次逐渐延长“给我”的口令与手势之间的时间，直到狗狗听到“给我”的口令就能立即做出反应。

注意：

等狗狗掌握游戏规则后，可以逐步加大扔球的距离。

第四单元：手势和口令交叉提示

参见“第一节　坐下”。

3. 案例

和许多狗狗一样，留下天生就会捡球，而且乐此不疲。

第一个球是它自己在网球场边上捡到的。从来没有玩过网球的它，居然像捡到宝贝一样，叼在嘴里不肯放。我试着把球扔到远处，它立刻像支离弦的箭似的，跑出去飞快地叼起球向我跑来。我以为它要把球给我，就开心地伸出手去等着。没想到，这个小坏蛋居然对我视而不见，绕到我身后，把球吐在地上，然后趴下来捧着它的宝贝球球自顾自地玩了起来。

看了《狗狗的心事》之后，我才明白，原来在留下的眼里，这个球是它自己捡来的，是它的“猎物”，凭什么要把自己的猎物拱手让给别人呢？这其实跟它捡垃圾是一个道理。了解了这一点，就好训练了，就是用好吃的跟它“交换”。

把球扔出去后，我就蹲在地上，一只手拿着鸡肉条，一只手伸出去放到它嘴边。叼着球回来的小留下，看到了鸡肉条，赶紧把球吐在地上，想要好吃的。这当然已经进步了，至少它没有对我绕道而行。但我的要求是把球放在我手上。训练的原则之一是，没有做对动作就不能奖励，不然就等于鼓励它做错误的动作。于是，我狠下心，没有给它吃，然后把球捡起来，放在我手上，再扔球。

反复几次后，对鸡肉条的渴望，终于让小留下突然开了窍，把球吐在了我手上！于是赶紧表扬，然后趁热打铁，又复习了几遍，每一遍它都能做得熟练而标准了。

我觉得驯犬最大的乐趣就在狗狗突然开窍的那一刹那。那是对你前面所有辛苦和耐心最大的回报！

第四节 跳上沙发及跳下沙发

1. 动作要求

主人发出“跳”的指令，狗狗能够跳上指定的高处。主人发出“下去”的指令，狗狗能够从所在的高处跳下。

说明：

“跳到高处”和“下去”是一对相反的动作，放在一起同时训练有助于狗狗更好地理解“下去”的含义，从而在需要时可以很方便地命令狗狗跳下沙发、床等。

2. 训练要点

第一单元：动作诱导

① 主人坐在沙发上，先叫狗狗的名字，引起它注意后，伸出一只手，食指伸直，其余手指握拳，用伸直的食指轻拍沙发，诱导它跳上沙发。（注意：如果不跳，可以用另一只手拿着食物放在沙发上引诱。）

② 等狗狗跳上沙发，立即发出“正确动作标记口令”——“对了！”，然后普通奖励。

③ 接着将食指指向地面，然后主人自己离开沙发，一般狗狗会跟着跳下来。（注意：如果狗狗不跳，可以退后几步，并用伸直的食指轻拍地面，或者再用另一只手拿着食物放在地上引诱。）

④ 狗狗跳下沙发后，立即发出“正确动作标记口令”——“对

了！”，然后高级奖励。

⑤ 重复步骤①～④3～4次，直到狗狗看到训练者伸出手就能迅速做出反应。然后进入下一单元。

第二单元：手势提示

① 主人站在沙发旁边，伸出一只手，食指在距离沙发较近处指着沙发，其余手指握拳，作为“跳到高处”的手势。

② 当狗狗跳上沙发时，立即发出“正确动作标记口令”——“对了！”，然后普通奖励。

③ 主人将食指指向地面，作为“跳下高处”的手势。

④ 当狗狗跳下沙发后，立即发出“正确动作标记口令”——“对了！”，然后高级奖励。

⑤ 重复步骤①～④3～4次，每次逐渐加大主人和沙发的距离，直到狗狗看到“跳”的手势就能立即做出反应。然后进入下一单元。

第三单元：口令提示

① 主人在沙发边上发出“跳”的口令，1秒后用手势提示。

② 等狗狗跳上沙发后，立即发出“正确动作标记口令”——“对了！”，然后普通奖励。

③ 狗狗跳上沙发之后，主人发出“下去”的口令，1秒后用手势提示。

④ 等狗狗跳下沙发后，立即发出“正确动作标记口令”——“对了！”，然后高级奖励。

⑤ 重复步骤①～④3～4次，每次拉长口令和手势之间的间隔1秒左右，直到狗狗听到“跳”的口令就能立即做出反应。

⑥ 发出“跳”或者“下去”的口令，不用手势，等待狗狗反应。等狗狗做出正确反应之后，立即发出“正确动作标记口令”——“对了！”，然后奖励。重复3～4次进行巩固。然后进入下一单元。

第四单元：手势和口令交叉提示

参见“第一节　坐下”。

注意：

① 等狗狗熟练掌握跳上沙发和跳下沙发的口令及手势后，再进行同样的训练，每次跳上沙发只给予口头奖励，而随后跳下沙发时则给予高级奖励，这样有助于纠正狗狗未经允许就主动跳上沙发不肯下来的坏习惯。

② 如果你家狗狗还没有养成跳沙发的习惯，你也不希望它跳上沙发，可以将跳沙发的训练改成跳上其他你允许的高处，例如椅子。

③ 训练完跳沙发之后，可以在其他不同的地方，例如户外的长椅等处做同样的训练，这样可以将“跳”的动作普遍化到任何你所指示的高处。

第五节 叫

1. 动作要求

主人发出“叫”的指令，狗狗能够随之发出“汪汪”的叫声。

说明：

“叫”和“别叫”是一对相反的动作，狗狗先学会了听令吠叫，才能理解“别叫”的含义，从而在需要的时候，可以根据主人的指令立即停止吠叫。

2. 训练要点

第一单元：动作诱导

① 先让狗狗“坐下”。

② 主人用一只手模拟嘴巴开合的样子，做出一张一合的动作，作为“叫”的手势，同时对着狗狗发出间歇性的短促叫声：汪，汪，汪。每两声之间间隔2秒左右。每次叫的时候手打开，暂停的时候手闭合。直到狗狗随着主人的叫声也发出短促的叫声。此时立即发出“正确动作标记口令”——“对了！”，然后进行奖励。

③ 重复步骤①～②3～4次，直到狗狗看到训练者打的手势就能迅速做出反应。然后进入下一单元。

第二单元：手势提示

① 主人连续做出“叫”的手势，等待狗狗反应。

② 当狗狗随手势连续2次发出吠叫时，立即发出“正确动作标记口令”——“对了！”，然后进行奖励。（如果狗狗不叫，可以在等待几秒后，由主人再发出吠叫诱导。）

③ 重复步骤①~②3~4次，每次逐渐增加狗狗随手势吠叫的次数，直到狗狗看到“叫”的手势就能立即做出反应，而且能随着手势一直叫。然后进入下一单元。

第三单元：口令提示

① 主人用激动的语调连续发出“叫”的口令（即“叫，叫，叫”，声音短促，有间歇，类似前面“汪，汪，汪”的叫声），两个“叫”字之间间隔2秒左右。延缓1秒后随着口令再加上手势提示。

② 当狗狗随口令连续2次发出吠叫时，立即发出“正确动作标记口令”——“对了！”，然后进行奖励。

③ 重复步骤①~②3~4次，直到狗狗听到“叫”的口令就能立即做出反应，而且能随着口令一直叫。

④ 单独发出“叫”的口令，不用手势，等待狗狗反应。等狗狗做出正确反应之后，立即发出“正确动作标记口令”——“对了！”，然后奖励。重复3~4次进行巩固。然后进入下一单元。

第四单元：手势和口令交叉提示

参见“第一节　坐下”。

第六节 别叫

1. 动作要求

当狗狗在吠叫的时候，主人发出“别叫”的指令，狗狗能够立即停止吠叫。

2. 训练要点

第一单元：动作诱导

① 先让狗狗“坐下”。

② 主人连续发出“叫”的指令，在狗狗跟着叫了三四声之后，突然终止指令，用一只手拿着零食放在狗狗鼻子边上，引诱它停止吠叫。一般狗狗会立刻停止吠叫。在狗狗停止吠叫的瞬间立即发出“正确动作标记口令”——“对了！”，然后奖励。

③ 重复步骤②3~4次，每次随机变化让狗狗“叫”的次数，并延长终止“叫”的指令和展示零食之间的时间间隔，直到主人一停止“叫”的指令，还没有展示零食的时候，狗狗就能立即停止吠叫。然后进入下一单元。

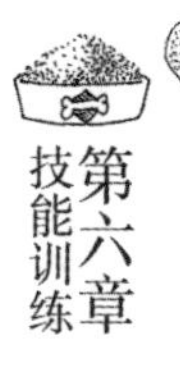

第二单元：手势提示

① 主人连续发出“叫”的指令，在狗狗跟着叫了三四声之后，突然终止指令，并竖起右手食指放在嘴唇前面，作为“别叫”的手势，并取消食物诱导。

② 当狗狗停止吠叫时，立即发出“正确动作标记口令”——“对了!”，然后奖励。

③ 重复步骤①~②3~4次，每次随机变化让狗狗“叫”的次数，直到狗狗看到“别叫”的手势就能立即停止吠叫。然后进入下一单元。

第三单元：口令提示

① 主人连续发出“叫”的指令，在狗狗跟着叫了三四声之后，突然终止指令，发出轻而长的“嘘”声，作为“别叫”的口令，1秒后竖起右手食指放在嘴唇前面，做出“别叫”的手势。

② 当狗狗停止吠叫时，立即发出“正确动作标记口令”——“对了!”，然后进行奖励。

③ 重复步骤①~②3~4次，每次随机变化让狗狗“叫”的次数，以及口令和手势之间的时间间隔，直到狗狗听到“别叫”的口令就能立即停止吠叫。然后进入下一单元。

第四单元：实战训练

在狗狗能够熟练掌握上述听令止吠的专项训练之后，才可以开始进行实战训练。即当狗狗在家因为各种外界刺激而叫个不停的时候，主人可以对它下达“别叫”的指令（注意随机使用口令和手势），在它停止吠叫后立即进行奖励。

注意：

① 刚开始实战训练时选择的时机应该是狗狗不是特别激动的时候。

② 主人应该走到狗狗身边下达“别叫”指令，而不要在远处。以后可以逐渐增加距离。

③ 狗狗听令止吠后，最好把它带离刺激源，如带它出门散步，或到另一个房间，或者跟它玩游戏等，不然它吃完了奖励食品后，很有可能又接着去吠叫。

第七节 认识家人

1. 动作要求

让狗狗知道每一位家人的称呼。当一位主人要求狗狗去某某主人那里，狗狗能够立刻按要求跑到指定的主人跟前，哪怕那位主人当时在其他房间里。

2. 训练要点

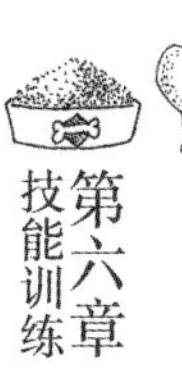

第一单元：动作诱导

① 两位家庭成员，例如爸爸和妈妈，在同一房间相隔2～3米。其中一人（例如爸爸）和狗狗在一起。

② 爸爸对狗狗说："去妈妈那里！"说完妈妈立刻下达召回的指令。

③ 当狗狗跑到妈妈跟前时，妈妈立即进行奖励。

④ 然后妈妈对狗狗说："去爸爸那里！"说完爸爸立刻下达召回的指令。

⑤ 重复步骤①～④3～4次，每次逐渐延长"去某某那里"和召回指令之间的间隔，直到狗狗听到"去某某那里"的口令就能立即反应。然后进入下一单元。

第二单元：口令提示

这一单元的练习和上一单元基本相同，不同的是，当一方对狗狗下达"去某某那里"的指令后，另一方不再发出召回的指令，而是等待狗狗自己跑过去。

重复3～4个回合，直到狗狗听到“到某某那里去”的口令就能立即跑向对方。然后进入下一单元。

第三单元：提高练习

① 分房间训练。已经参与过训练的两位家庭成员（例如爸爸和妈妈）分别待在不同的房间，其中一人（例如爸爸）和狗狗在一起。然后按顺序进行与前两个单元相同的训练。

② 多人训练。增加1～2名家庭成员，从第一单元的训练开始，直到本单元的“分房间训练”。

③ 陌生人训练。家里来客人时，可以给狗狗介绍一下客人的称呼，并让客人手里拿着零食展示给狗狗看。然后主人和客人分散站在房间的不同地方，进行第一单元的练习。一般经过1～2轮练习，就可以进入第二单元了。

3. 案例

这个科目的开设很偶然，却很实用。

我们家的常住人口结构简单，就是留下、妈妈和爸爸。爸爸身材魁梧，而且因为不太喜欢小动物，从来都不主动搭理留下。这在留下看来，反而很有“首领”范儿。善于察言观色的小留下，虽然是妈妈的跟屁虫，但是只要爸爸一叫它，就会立即夹起尾巴，战战兢兢地前去领命。当然，如果爸爸一反常态，没有把它叫去训斥一顿，而是摸摸它的小脑袋，表扬一声“乖”的话，就会把它乐得在房间里来回乱窜，一副高兴得不知如何是好的样子。

有一天我心血来潮，想教它认识“爸爸”、“妈妈”。于是就跟留下说“去爸爸那里”，然后让在另外一个房间的爸爸叫一声“留下”。一听“首领”召唤，小留下不敢怠慢，赶紧前去。按照我的吩咐，爸爸这次很温柔地表扬了它，还赏了它点吃的，然后叫它“去妈妈那里”。我立即配合地唤了一声“留下，来”。受宠若惊的小留下兴高采烈地跑来了。

我当然也及时奖励了它，然后再吩咐它“去爸爸那里”。如此反复了几次，聪明的留下就已经明白了这个训练的要求，而且非常喜欢。后面几次，我们已经不需要再叫它的名字了，只要跟它说“去爸爸那里”，或者“去妈妈那里”，它就会飞快地跑到那里去“领奖”。

从此以后，如果我在做家务时嫌留下在身边碍手碍脚的，就会叫它“去爸爸那里”。

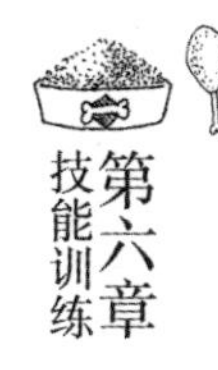

第八节 搜索

我们经常在电影电视上看到警犬闻一闻罪犯留下的衣物，就能千里追踪，找到藏匿的罪犯。家养的宠物犬虽然一般做不到跟警犬一样，但经过训练，也能胜任一些简单的搜索工作。

1. 动作要求

主人下达“搜索”的指令，狗狗能够利用嗅觉找到相应的人或物品，并用吠叫通知主人。

2. 训练要点

（1）找人

第一单元：了解游戏规则

① 天黑以后，关闭一个房间（以下称“黑屋”）的灯。然后一个人（例如爸爸）让狗狗在黑屋门口坐下，同时控制住它（可以利用“坐下，别动”的口令），让它别动。另一个人（例如妈妈）当着狗狗的面进入黑屋，关上房门躲好。刚开始选择的藏身处应该简单一点，例如门背后。

② 妈妈躲好后，爸爸开门，但仍然控制住狗狗，然后用激动的语调问狗狗“妈妈呢”，接着下达搜索的口令“搜”，同时松开狗狗。

③ 狗狗一般会开始在房间里寻找妈妈。刚开始，它会毫无头绪地在房里房外到处乱跑，甚至经过妈妈身边的时候也会视而不见。在狗狗找了一会儿之后停下来，露出要放弃的样子时，妈妈可以发出一点声

音，诱导狗狗找到自己。

④ 等狗狗找到妈妈时，发出“叫”的口令，在狗狗吠叫了1～2声之后，立即奖励。

⑤ 重复步骤①～④3～4次，注意每次变化藏身的地方，直到狗狗听到“搜”的口令就能有意识地去寻找，并且在找到的时候能够发出短促的吠叫声。然后进入下一单元。

第二单元：学会使用嗅觉搜索

① 跟第一单元相同，爸爸先控制住狗狗，妈妈进入黑屋躲好，注意要躲在一个之前没有躲过的地方。

②开门后，爸爸先激动地问“妈妈呢”，然后发出“搜”的口令，并松开狗狗。

③ 妈妈在藏身处屏住呼吸，不要发出任何声音。现在狗狗应该已经明白自己的任务是要找妈妈，但刚开始它会去刚才妈妈躲过的那些地方找，耐心等待。

如果在那些地方没有找到，同时既听不见，也看不见妈妈，狗狗最终会开始抽动鼻子，利用嗅觉来寻找妈妈。当你看到狗狗第一次开始抽动着鼻子使用老天赐给它的灵敏嗅觉时，一定会觉得那是非常令人惊喜的一幕。

④ 等狗狗利用嗅觉找到妈妈之后，妈妈先等待2秒左右，如果狗狗没有吠叫，则用“叫”的口令提示它吠叫之后，再进行奖励。

⑤ 重复步骤①～④3～4次，每次逐渐增加寻找的难度，躲到一些让狗狗意想不到的地方，例如窗帘后面、被子底下、大衣柜里等，直到狗狗一开始搜索就能使用嗅觉。

第三单元：找人的普遍化

① 找家人。等狗狗能熟练地利用嗅觉找妈妈之后，经常变换被找的人，直到狗狗能够同样熟练地找任何狗狗熟悉的家庭成员。

② 找陌生人。家里来客人时，可以让狗狗先闻一下带有客人气味的物品，如衣服、围巾等，然后让客人躲好，再让它去搜索。

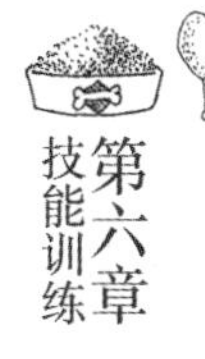

③ 变换场地。在家里练熟了用嗅觉找家人之后，可以开始带狗狗到户外去训练。要注意躲藏的地方也应从易至难，从近至远，逐步增加难度。

（2）找东西

第一单元：了解游戏规则

① 一个人（例如爸爸）让狗狗在房间门口坐下，同时控制住狗狗。另一个人（例如妈妈）拿出一个狗狗喜欢的玩具（例如网球）放到狗狗鼻子前面让它闻一下，然后当着狗狗的面进入房间，关上房门，藏好网球。刚开始选择的藏匿处应该简单一点，例如门背后。（如果只有一个人，可以让狗狗在门口“坐下，别动”，给它闻一下球之后，进入房间，关上房门，藏好球。然后再开门让它进去。）

② 妈妈藏好球后打开门，爸爸仍控制住狗狗，然后用激动的语调问它“球球呢”，接着下达搜索的口令“搜”，同时松开狗狗。

③ 狗狗一般开始会在房间里乱跑。如果狗狗已经明显在找球，主人要给它充分的时间，耐心等待。如果狗狗只是在房间内外乱跑，不知道要找什么，主人可以将狗狗带到球附近，引导它找到球。

④ 等狗狗找到球后，主人发出“叫”的口令，在狗狗吠叫了1～2声之后，立即奖励。

⑤ 重复步骤①～④3～4次，注意每次变化藏球的地方，直到狗狗听到“搜”的口令就能有意识地去找球，并且在找到的时候能够发出短促的吠叫声。然后进入下一单元。

第二单元：学会使用嗅觉搜索

① 跟第一单元相同，爸爸先控制住狗狗，妈妈进入房间藏球。注意要把球藏在一个之前没有藏过的地方。

② 等妈妈打开房门后，爸爸先激动地问“球球呢”，然后发出“搜”的口令，并松开狗狗。

③ 现在狗狗应该已经明白自己的任务是要找网球，但是刚开始它会去刚才找到过球的那些地方找，耐心等待，如果在那些地方没有找

到，狗狗最终会开始抽动鼻子，利用嗅觉来寻找球。

④ 等狗狗利用嗅觉找到球之后，主人先等待2秒左右，如果狗狗没有吠叫，则用“叫”的口令提示它吠叫之后，再进行奖励。

⑤ 重复步骤①～④3～4次，每次增加寻找的难度，把球藏到一些让狗狗意想不到的地方，直到狗狗一开始搜索就能使用嗅觉，并且每次找到的时候都能发出吠叫声。（为了促使狗狗在找到球的时候先吠叫，可以把球藏到一些狗狗自己拿不到的地方，例如纸盒内。）

第三单元：搜索物品的普遍化

等狗狗熟练之后，经常变化搜索的目标物及地点。

3．案例

刚开始训练留下在家里“找妈妈”时，我把房间的灯关闭，躲在门背后，让它来找我。结果它很激动地在房间里冲进冲出，好几次经过我身边，却一点反应也没有。狗狗的视力很差，尤其是在没有光线的黑暗处。所以在黑灯瞎火的房间里，它就算从我身边经过，也看不见我。这时候，只能凭听觉和嗅觉来找妈妈。但刚开始，它似乎根本就没有用嗅觉，只是凭听觉和大脑。它找的地方都是我平时经常会在的地方，虽然多次经过房门，却一点也没有往门背后找的意思。但是，只要我发出一丁点声音，它就能立刻准确地找到目标。这也再次证明了，狗狗的听觉是很灵敏的，平时如果叫它回家它没有反应，那纯粹是“装聋作哑”。后来，我忍住笑，不发出一点声音。找了几次未果之后，它开始安静下来，似乎是在思索该怎么办。然后，它终于开始用力抽动鼻子，到处闻我的气味！大约5分钟后，它终于找到了躲在门背后的妈妈。

还有一次，我们带留下到农家乐玩。到了吃饭的地方，我让爸爸管好留下，自己到另一幢房子的卫生间去上厕所。没过多久，我听到厕所外面有狗抓门的声音，门一开，居然是留下！回去一问，爸爸正忙着聊天，根本没有注意留下不见了。原来这次是它凭着自己的小鼻子，找到了在另一幢房子里的妈妈！

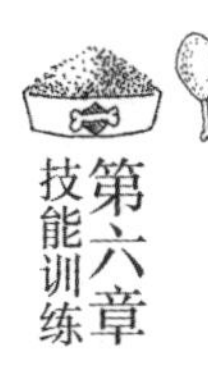

后来我们还训练了留下找“球球”。自从学会用鼻子之后，找球对它来说已经变得越来越简单。我曾经把球藏在门背后、被子下、窗台上，甚至纸盒中，它都能轻松找到。

有一次冉冉来玩，我们准备出去遛留下。我换好鞋，发现忘带网球了，就让还在屋里的冉冉找一下。冉冉说，不如让留下找吧，肯定比我找得快。我一想也是，于是跟留下说：“留下，球球呢?”果然，几秒钟的功夫，留下就从沙发底下找了个球出来，出色地完成了任务！

第七章 如何给狗狗吃饭

看到这一章的标题，您可能会发笑：狗狗自己不会吃饭吗？难道还需要喂给它吃？可是，您还别说，如何给狗狗吃饭真的是大有讲究的。吃得好，可以借机对狗狗进行很多教育；而吃得不好，则会让狗狗养成很多坏习惯。

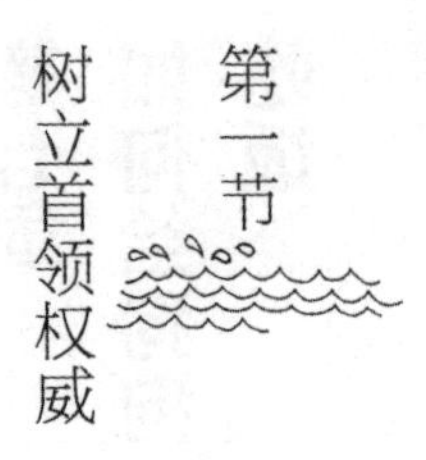

第一节 树立首领权威

吃饭对狗狗来说，可是生命中头等重要的活动，因为它事关生存大事。在等级森严的狼群中，吃饭是有严格顺序的。群狼打猎获得的猎物，只有头狼吃完了，才可以让下属吃。头狼在进食的时候，下属再饿，也只能咽着口水在一边等待。对食物的分配权是头狼地位的象征。从狼进化过来的犬类也仍然保持着这个天性。

在“第四章　第二节　做首领的标准是什么”中，我们讲了做首领的两条重要原则。

① 首领享有对食物的分配权

只有首领才可以第一个用餐。首领不吃了，下属才能开始吃首领剩下的。

② 首领享有对食物的独占权

一切食物都是首领的，刚才是，今后也是，首领有权随时收回赏赐给下属的食物。

我们可以利用给狗狗吃饭的机会，通过一些仪式性的行为，明确自己的“首领”地位，我称之为“用餐仪式”。具体的做法如下。

（1）主人“吃完”再给狗狗吃

每次给狗狗吃饭前，主人先假装从它的碗里津津有味地吃上一口，然后再把“吃剩”的碗放在地上“赏赐”给狗狗。

通过这个动作，可以明确告诉狗狗：我是“老大”，我吃完了，你才可以吃。

如果您从来没有这么做过，那么第一次做的时候，您很可能会看到狗狗有明显的变化：不像以前一样，食盆刚一落地，甚至还未落地就把头伸过来吃饭，而是后退几步，把头扭开不看食物，好像不想吃饭似的。如果是这样的反应，那么恭喜您，您的狗狗已经明白现在您是首领了。

有些人为了维持“首领”的地位，会将狗狗的吃饭时间安排在主人自己吃完饭之后。其实这是没有必要的，而且我也不建议这么做。

因为首先狗狗的进食频率和人是不一样的。小的时候，一天需要吃4顿，而成年以后，一天只要吃1～2顿就可以了。如果你每次都在自己吃完饭之后再给狗狗吃饭，会让它形成一种条件反射，即只要主人吃完饭自己就可以吃饭了。

其次，为了方便管理，我们希望狗狗能够学习到“主人在餐桌上用餐和自己无关”，从而无论主人什么时候用餐，狗狗都会很放松地在远处做自己的事，而不会到桌边来等待食物。而这种在主人自己吃完饭后再给狗狗吃饭的做法则恰恰是让狗狗建立起了主人用餐和狗狗之间强烈的相关性，从而容易养成到桌边乞食的坏习惯。

最后，也是最重要的，如果主人只是在自己吃饭之后再给狗狗吃，并没有采取上述假装从狗狗的食盆里吃一口的做法，那么对狗狗来说，它仍然掌握着对食物的分配权，因而并不会承认主人的首领地位。

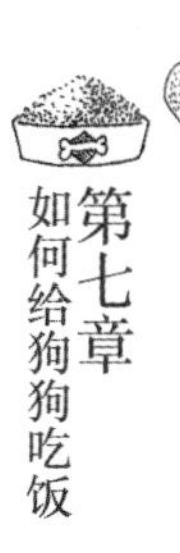

要注意下面2个问题。

① 刚开始，每次给狗狗吃饭前都必须这么做，以后也需要经常重复这样的“仪式”。

② 在场的家庭成员应按“地位高低”顺序轮流“吃”一遍，再给狗狗吃。这样可以让它明白自己在这个群体里地位最低，从而避免很多行为问题。

这个方法是从简·费奈尔的《狗狗的心事——它和你想得大不一样》一书借鉴来的。

（2）主人允许后狗狗才可以吃

把食盆放下以后，主人蹲在原地不动。等狗狗刚准备要吃的时候，主人严厉地说“No!”，然后用一只手轻推其胸部，迫使其后退，同时用另一只手迅速盖住食物。等狗狗停止进食的动作，并抬头看着主人等待指示的时候，再拿开手掌，伸手做出“请”的动作，同时说“请”。然后主人离开食盆，让狗狗安心地进食。

这个动作传递给狗狗的信息是：**即使是我吃剩的东西，未经允许，下属也不可以吃，只有经过首领同意才可以吃。**

这个练习不但可以进一步向狗狗强化主人的首领地位，而且还能让它养成未经主人允许不吃食物的好习惯。在特殊情况下，尤其是当狗狗在户外企图捡垃圾或者粪便吃的时候，主人可以用这个口令来进行阻止。

注意下面的问题

① 刚开始需要每次都这么做，等狗狗已经养成食盆放在面前，不去抢食，而是会主动看着主人，等待指示再吃的习惯后，就可以随机做这个练习，进行巩固即可。

② 如果要利用这个练习达到阻止狗狗捡垃圾吃的目的，则还需要在户外用零食做同样的练习，使这个动作普遍化。

（3）主人随时有权收回给狗狗的食物

在狗狗进食的过程中，主人要突然回来，贴近狗狗，等它后退，然后拿走食盆，假装吃一口或者闻一下后再给它。如果它不动，则可用手轻推其胸部，迫使其后退。

这个动作告诉狗狗：**所有食物都是首领的，首领有权在任何时候收回来自己享用。**

这个练习在强化主人首领地位的同时，还具有两个实际意义。

① 预防或纠正狗狗护食的问题

食物是首领的，地位最低的狗狗没有权利在首领想要拿走的时候抗争。

② 预防或者纠正狗狗挑食的问题

吃饭时动作要快，不然首领有可能回来自己吃了。

注意的问题是以下几点。

① 这个动作不需要每个家庭成员都练习，但凡是有可能去收狗狗食盆的家庭成员最好分别练习一下，以避免以后在收食盆时因狗狗护食而被咬。

② 刚开始时需要每次都这么做，等狗狗已经能很平静地对待食盆突然被拿走的时候，就可以随机进行巩固了。

③ 拿走食盆后，可以当着狗狗的面往里面再添加一点食物，这样

可以让它形成“拿走食盆=更多食物”的条件反射。

④ 建议利用较大的骨头或者咬胶等狗狗无法一口吞下的零食做同样的练习。在狗狗啃咬骨头的时候，从它嘴里拿走骨头，假装啃咬一下再还给它。

⑤“狗嘴夺食”的注意点。

a. 从狗嘴里“夺食”时要注意安全。大骨头是比较理想的“道具”。因为第一是狗狗的大爱，能让它乖乖地交出最心爱的骨头，是对主人首领地位的最好确认。第二骨头较大，可从露在牙齿外面的部位下手，不易被咬到。

b. 从狗嘴“夺食”时一定不能强行抢夺，那样会让它养成对抗的习惯，等它长大之后，尤其是大型犬，如果主人的力量不足以抗衡时，反而会让它处于支配地位。

c. 主人应冷静地走到狗狗身边，蹲下，直视其眼睛，利用首领权威，等待它主动放下食物，就像留下向Jacky要肉骨头时所做的一样。如果它不放下，可以继续逼近，轻推其胸部。一般情况下，狗狗如果承认主人的首领地位，那么当主人贴近它时，它就会乖乖地吐出骨头。

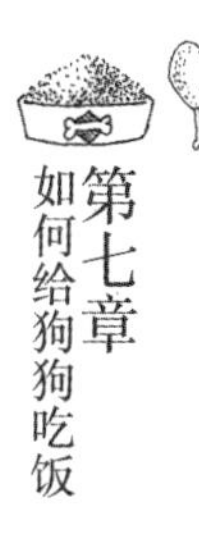

如果不吐，则可以用一只手捏住骨头露在牙齿外面的部分，不要用力拉，另一只手握杯状，用指尖叩击狗狗头部，同时发出低沉的“呜”声，模拟狗狗发出的警告声和攻击动作，同时耐心等待它松嘴的一瞬间。

d. 但是“夺”到骨头，主人假装吃一下之后，应仍然还给它，或者给它更“高级”的东西。目的是让它“放心”，主人拿走了“宝贝”之后仍会还给它的。我把这种方法称为“大棒”加“胡萝卜”。

e. 如果狗狗护住食物，并发出“呜”的警告声，甚至“汪”的叫声乃至空咬，主人都不能退缩，否则就会养成狗狗今后用攻击行为来护食的习惯，而且会让狗狗产生自己的地位高于主人的想法。为了避免主人因害怕而放弃，或者被误伤，建议刚开始训练时主人一定要做好充分的心理准备，并戴上手套。

f. 刚开始训练“狗嘴夺食”时，最好在一个空旷的小房间，这样万一狗狗叼起食物逃跑时，主人可以很容易地进行阻拦。如果让狗狗逃跑成功，下次它嘴里有食物时，只要看到主人接近，就会迅速逃跑。相反，如果连续几次逃跑失败，狗狗也会很快放弃努力。

g．除“夺食”外，还应经常用同样的方法“夺取”狗狗正在占有的玩具等其他任何物品。目的是让它明白，家里所有的东西都是主人的。

（4）总结

① 在给狗狗吃饭之前，主人先假装从狗狗的饭盆里吃上一口，然后再把“吃剩”的碗放在地上“赏赐”给它。

② 食盆放下以后，需经主人允许后，狗狗方可进食。

③ 在狗狗进食过程中，主人要突然回来拿走食盆，假装吃一口或闻一下后，再给它。

第二节 『猎食』天性的出口

除了利用给狗狗进食的机会建立主人的“首领”地位之外，我们还可以利用这个机会让它**发泄“猎食”天性带来的旺盛精力，以及愉快地消磨独自在家的寂寞时光。**

有的狗狗精力超级旺盛，尤其是在七八个月大进入“青春期”之后，它们除了睡觉，似乎一刻也静不下来。当主人不在家的时候，它们就开始到处“搞破坏”，还想方设法偷吃东西。对付这样的“调皮鬼”，除了培养狗狗正确的啃咬习惯，藏好一切不允许吃的食物之外，利用进食的机会，尽量模拟它们的祖先在丛林里必须进行的“打猎”活动，来增加它们获得食物的难度，消耗它们的精力，引起它们对于“打猎”活动的兴趣，从而降低它们对一切“破坏”活动的注意力，也是一个很好的办法。

① 用漏食球等益智玩具取代食盆来放置狗狗正餐吃的狗粮

漏食球的好处是让狗狗无法几口就把狗粮吃完，而是要通过动手动脑才能一粒一粒地吃到狗粮，除了能消耗精力之外，进食的时间也大大延长，因此可以消磨独自在家的时间。我比较推荐的漏食球有：

美国产的葫芦漏食球。这是一种空心的橡胶葫芦，两端有孔。这种葫芦漏食球的好处是，可以同时塞进不同的食物，如先塞入狗粮，再塞入鸡肉干，再填入花生酱或者奶酪，这样狗狗玩起来兴趣更大。而且它所使用的橡胶非常有弹性，超级耐咬，特别适合那些专门喜欢啃咬东西的狗狗。

另一种是不倒翁漏食球。这种漏食球分为上下两室。上室顶部有一个可以旋开的盖子，打开盖子，可以非常方便地放入食物。上室和下室之间有一块隔板，拨动隔板可调节开口大小。食物通过隔板的开口漏入下室，下室的侧面也有一个通过拨块调节大小的开口。当狗狗用爪子拍打不倒翁，使其正好倒向开口的这一侧时，食物就会从开口中掉到地上。通过上下室两个可调节大小的开口，主人可以根据情况将不倒翁设置成不同的难度，例如每次只能漏出1粒狗粮，或者多粒狗粮。

此外，经过设计，特意加大狗狗进食难度，减慢进食速度的乐食碗，也是不错的选择。

② 把狗粮藏在房间的各个角落，让狗狗自己去“猎取”。

主人在出门之前把相当于一顿正餐量的狗粮藏在房间的各个角落里，并根据狗狗的熟练程度设置不同“难度”。刚开始可以只是简单地放在门背后、橱柜边等容易找到的角落，等狗狗了解游戏规则后可以藏在地毯下、垫子下、纸盒里等难度较高的地方（参见“第九章　第三节　打猎”）。

对于喜欢跳跃和爬高的狗狗，可以在“安全区域”内，例如狗狗的长期限制区域内，将食物放在需要它直立或者跳跃才能够到的高处。

对于有刨地爱好的狗狗，例如㹴类犬，也可以把适当的食物用干净的小石子或者松木砂等材料埋在塑料盆里。

对于特别喜欢撕咬的狗狗，还可以把几粒狗粮在外面紧紧地缠上一层又一层的布条，打上尽可能多的结，做成绳结球。

总之，没有困难，我们要开动脑筋制造“困难”，把简单的“吃饭”变成一场刺激的“打猎”游戏。这样的“打猎”活动会让不爱吃狗粮的狗狗也把自己辛苦找来的狗粮当成美味。

这个方法的好处是：零成本；难度任意可调；可以将喜欢到饭桌上偷吃东西的狗狗的注意力引导到安全地带。缺点是：需要主人动脑筋、花时间去“布置”现场。

留下在专心地玩不倒翁漏食球

狗狗在乐食碗里专心搜寻食物

第三节 『化整为零』当奖励

我们可以把狗粮当成奖励食品，“化整为零”。

在带狗狗出门散步的时候带上一小包狗粮，在需要“召回”狗狗的时候作为奖励；还可以在狗狗见到陌生人或者陌生狗等刺激物害怕的时候，给它吃，让它放松并形成刺激物=食物的“好的”条件反射。另外，狗粮还可以作为日常训练的奖励食品。当然，这些奖励食品是要从狗狗的正餐中扣除的。（为了保证训练效果，你还需要根据情况准备一些比狗粮“高级”的零食作为奖励食品。）

为了便于操作，可以每天早上把狗狗一天的口粮放在一个单独的保鲜盒里，然后在需要的时候从盒子里拿出一些来作为训练的奖励食品。

总之，利用好狗狗吃饭这件大事，可以让你的狗狗更加听话，让它跟你在一起的生活也变得更加多姿多彩！

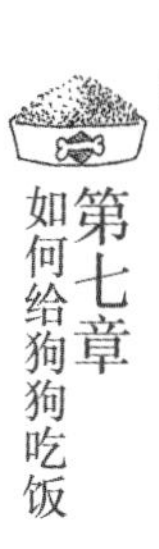

第八章 如何带狗狗散步

跟主人出门散步是狗狗生活中除吃饭之外最重要的事情，这相当于是要去打猎了。

有很多人把带狗狗散步当成是带狗狗上厕所，等它拉完便便就立刻回家；还有些人是让狗狗“遛人”，狗在前面带路，主人在后面跟着；也有的人虽然是带着狗狗散步，但是每天都是按照同一条路线。殊不知，这些遛狗的方式，会在不经意间让狗狗养成不好的习惯。其实，我们可以把散步变得跟打猎一样有趣，更重要的是，可以利用这个过程轻松对狗狗进行各种训练，让它举止得体。

1. 强化自己的首领权威

从“第四章　第二节　做首领的标准是什么”中，我们已经了解到，首领有带领团队打猎以及在险境中保护下属的责任。在狼群中，首领负责带领大家出门打猎，并制定路线，而下属则应跟从首领。

（1）**要遵守出门礼仪**　每次必须主人先出门，狗狗才可以出门。

① 开门前，主人用腿轻推狗狗的身体，使其退后，然后让狗狗“坐下，别动”。

② 主人走到狗狗的前面，尽量用身体挡住狗狗后开门，同时重复“别动”的指令，

③ 如果狗狗坐着不动，就立即奖励。如果它已经挤出门去，主人就立即贴近它，用腿部坚定而轻柔地推着它，迫使它退回房间。然后重复“坐下，别动”的指令。

④ 狗狗坐着不动后，主人可以开始换鞋，或者稍微离开狗狗几步。目光仍然注视着狗狗，并用口令和手势要求它继续保持“别动”。

⑤ 等狗狗坐着不动保持数秒后，主人可以用欢快的语调下达“解散”的口令，允许狗狗出门。

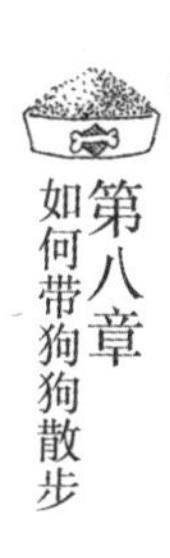

注意：

① 应逐步提高标准，即逐步延长狗狗保持不动的时间以及主人跟狗狗之间的距离。

② 任何时候都遵循一个原则：未经允许，狗狗不可以抢在主人前

面冲出门去。

（2）由主人制定“打猎”路线

当主人在安全地带给狗狗松开绳子后，它很有可能会飞快地跑到主人前面去，或者饶有兴致地在有狗尿味的树根前逗留，又或者遇上了狗朋友打个招呼等，这些都是允许的。甚至如果牵引绳够长，狗狗会一直走在主人前面，只要它没有拉紧绳子将主人拽着走，这也是允许的。因为这些也是狗狗对“打猎”一直保持高昂兴致的重要原因。

关键是，主人要不时改变路线，经常拐个弯，去一个陌生的地方等，而且说走就走，不要主动招呼狗狗，更不要招呼了以后还站在原地等待。如果在松绳的情况下害怕狗狗走丢，可以躲在障碍物后面观察，等到狗狗实在找不到主人时再现身。这样狗狗在做自己感兴趣的事情时，脑子里会时刻有根弦：要跟好主人！主人的首领地位也会因此而更加巩固。当然，由此带来的直接好处就是，别人会看到你有一只很听话的狗狗哦！如果一直是由狗狗自己决定“打猎”的路线，而你只是在后面跟随的话，那么要小心了，它很有可能已经把自己当成你的首领了！

除了改变路线之外，经常变化走路的节奏，时快时慢，时而缓行，时而奔跑，也能让狗狗更加注意跟随主人，并提高它对散步的兴趣。

如果在散步的时候，狗狗无论跑得多远，尤其是在遇到岔路的时候，都会不时地停下来看一眼主人的行进方向再跑，并且会在主人转变方向后，主动追随而来，那么恭喜你，它已经认同你的首领地位了！反之，如果狗狗只顾自己低着头跑，从来不知道抬头观察主人，那么，它一定没把你当成首领！

（3）遇到危险，主人应保护下属，并制定“战略方针”

外面的世界很精彩，但也充满危险。在散步途中，当遇到让狗狗感到害怕的人或狗时，主人应在狗狗被迫采取攻击行为之前，就设法“击退敌人”——让对方离开，或者采取“走为上”的策略——及早带领狗狗离开。

尽量不要采取突然把狗狗抱起躲避危险的保护方式。那样不仅会让自己的狗狗因为害怕而养成不停吠叫的攻击行为，还有可能导致主人被对方的狗狗攻击，而且会让自己的狗狗永远都学不会如何自己面对“险情”。也不要猛拉牵引绳，那样只会把主人的紧张情绪传递给狗狗，从而导致它采取攻击行为。

2．对狗狗进行服从性训练

例如，“坐下”、“别动”、“跟随”、“召回”等。

（1）坐下，别动

在出门前应教会狗狗根据“坐下”和“别动”的口令安静地坐着等待。在训练过程中，可以用食物进行奖励。但是如果在最后一步，狗狗可以安静地坐着不动的话，用激动的语调允许它出门，对狗狗来说就是很大的奖励了。所以，利用出门打猎这个机会，可以很好地巩固“坐下，别动”，还不用一直给它零食奖励哦。

另外，可以在散步过程中，经常强化“坐下，别动”。例如，看到远处有狗朋友时，可以先让狗狗“坐下，别动”，然后给以口头奖励，并带它去和狗朋友玩。这对它来说是比零食还要高级的奖励呢！

（2）跟随

这是从第一次带狗狗出门开始就必须训练的安全课程之一。它可以让你们的“打猎”过程变得安全而又轻松。（参见“第五章　第三节　向前冲冲冲”）

（3）召回

也是基础安全课程之一。在狗狗第一次出门前，就应在家里先训练“召回”，然后从第一次出门开始，经常在散步的过程中进行练习。（参见《第五章　第一节　叫不回来》）

3. 对狗狗进行社会化训练

我们在“第三章　第二节　社交能力训练”中介绍了对狗狗进行社会化训练的重要性以及如何进行社会化训练。经过良好社会化训练的小狗，长大后能更好地适应人类社会，成为很好的陪伴犬。邓巴博士在

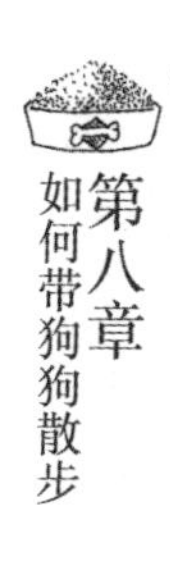

*After You Get Your Puppy*一书中建议，狗狗在进行社会化训练时，每天至少要见3个不同的人和3只不同的狗。而遛狗就是对狗狗进行社会化训练的最佳时机。所以，我们最好利用遛狗的机会，尽量让狗狗接触不同的人和狗，以及其他新鲜事物，而不要总是选择僻静的地方。

4．养成良好的排泄习惯

常常看到赶时间去上班的主人，着急地催促狗狗大便，以便完事了就赶紧回家赶去上班，而狗狗却照样东闻闻西嗅嗅，一点也没有要大便的意思，真是“皇帝不急太监急”。其实狗狗迟迟不肯大便的习惯，十有八九是主人自己养成的。因为聪明的狗狗发现，每次一大便完，散步这样的美事就立即结束了，而只要不大便，自己就可以一直在外面玩。所以狗狗就学会了不到万不得已不大便的习惯，甚至于发展到在户外不大便，回到家里随地大便的习惯。

如果你是刚开始养小狗，那么最好从现在开始就让它养成良好的排泄习惯，这样以后在你赶时间的时候会很方便。训练方法见“第三章　第一节　中的定点大小便”。

5．燃烧过剩的精力

一定要利用散步的机会尽量消耗狗狗的精力，这样等它独自在家的时候才不会因为精力旺盛而感到焦虑、无聊，从而想方设法搞破坏了。要把散步当成真正的“打猎”，这样不但能消耗狗狗的精力，也能让散步变得非常有趣，从而加强你对狗狗的控制力。

（1）和同类游戏

碰到狗朋友的时候，尽量松开绳子让它们自由活动。

在追逐、扑咬的过程中，不但能让狗狗迅速燃烧过剩的精力，还能加强它和同类的社交能力。

但是，遇到陌生狗狗，则要注意以下安全事项。

① 一定要询问对方的狗狗是否有过咬狗的“前科”。如果有的话，

就尽量不要让自己的狗狗跟对方松绳玩。除非你已经掌握了如何让害怕的狗狗放松的技巧。

② 一定要询问对方狗狗的性别和发情状况。一般来讲，异性在一起不会打架。而如果两只都是公狗，同时又有一只发情的母狗在场的话，那么两只公狗为了争夺配偶而大打出手的可能性就很大了。一般每年春秋两季为狗狗发情的季节，主人要特别注意。

③ 如果有任何一只狗狗在原地站住不动，身体僵硬，或者皱起鼻子露出牙齿，喉咙里发出"呜呜"的低沉声音，那么千万要小心，这只狗狗已经感到害怕了。在它放松之前，不要让两只狗的距离再接近了。

④ 在松开绳子之前，先引导狗狗有礼貌地慢慢接近对方，并且互嗅气味，等双方有游戏的意愿之后再松开绳子。在游戏过程中，如果一方因为兴奋过头而做出了出格的举动，主人应立即让双方暂停，等平静下来后再继续游戏。

（2）衔回游戏

记得出门的时候带上你家狗狗最喜欢的网球，到草坪上把球扔到远处，越远越好，让它衔回来后，再扔出去。还可以把球扔到茂密的草丛中，或者藏在附近的灌木丛里，然后让它用鼻子把球找出来（参见"第九章　第一节　衔回"）。

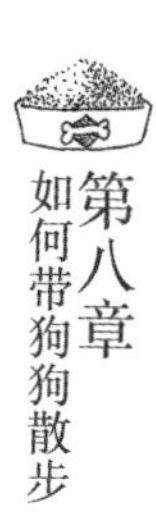

（3）躲猫猫

趁狗狗忙着低头闻气味或跟其他狗狗打招呼时，主人赶紧找个能观察到它的地方躲起来。等它找到你时，给它一个大大的拥抱（参见"第九章　第二节　躲猫猫"）。

（4）扑咬游戏

如果小区里有块干净的大草坪，又碰上风和日丽的天气，那么跟狗狗来场激烈的扑咬游戏吧！就像两只狗狗在一起玩那样。主人把狗狗扑倒在地，和它打闹，把手伸进它的嘴里让它咬（参见"第九章　第四节　扑咬游戏"）。

6．带狗狗回家

好啦，现在我们的狗宝宝已经排空了大小便，上过了课，也已经玩得筋疲力尽了，该是回家的时候啦。不过对于精力无穷的狗狗来说，似乎怎么玩都不够。所以，家长一定要注意方式方法，千万不要把狗狗叫过来，系上牵引绳后粗暴地拉着它回家。这样会让狗狗觉得“来”和系牵引绳都是坏事情的征兆，以后就不会乖乖听话了。

带狗狗回家的方法有以下几种。

① 把狗狗召回后，要用夸张的表情和语调进行表扬。

② 轻柔地系上牵引绳后再给予口头表扬及零食。

③ 用高兴的语调跟狗狗说“回家喽”，然后带领狗狗回家。

④ 如果狗狗赖着不肯走，千万不要心软，允许它再玩一会儿。那样会让它的“耍赖”行为越来越严重。如果用牵引绳拖不动它的话，可以在说完“回家喽”之后转身就走，不要站在原地等，更不要回头朝狗狗的方向走。当狗狗发现主人真的走了时，很快会追过来。那时可以再表扬它一下，然后牵着它回家。

⑤ 为了不让狗狗觉得回家是好事结束，最好在饭前带狗狗出门散步（那样在户外也比较容易用零食对狗狗进行控制），然后回家就立即开饭。这样狗狗就会把回家和另一件大好的事情——吃饭联系起来了。

第九章 互动游戏

15000多年前，在狼从野外进入人类社会之前，它们需要花大量的时间和精力去狩猎。在维多利亚时代之前，虽然有一部分狼已经进化成了犬，并且开始和人类相伴而居，但它们仍然担负着诸如牧羊，打猎等需要消耗大量体力的工作。因此，现在我们家养的宠物犬虽然过着饭来张口的优越生活，它们的身体里却仍然有着猎食的基因，它们精力旺盛，需要发泄。

下面这些游戏是模拟狗狗的猎食行为而设计的，通过主人和狗狗的互动，既能快速消耗它们过剩的精力，满足它们猎食本能的需求，又能增进狗狗和主人的感情，还能强化狗狗对主人的服从性。

要注意的是，所有的游戏都必须由主人邀请狗狗开始，并且由主人决定什么时候结束。在游戏过程中，主人可以经常中断游戏，要求狗狗“休息”，等狗狗平静下来后再恢复游戏。这样可以很好地强化狗狗的服从性。

记住琼·唐纳森在*The Culture Clash*里面的一句话：掌控了游戏，就掌控了狗狗！

第一节 衔回

游戏规则：主人将球扔到远处，然后让狗狗将球衔回给主人。

这个游戏有两个版本，在室内和户外都可以玩。最能消耗体力的当然是在户外开阔的地方玩。

初级版为直接衔回。训练方法见“第六章　第十四节　衔回（球）”。出门时带上你家狗狗最喜欢的球，到草坪上把球扔到远处，越远越好，让狗狗衔回来后，再扔出去。不超过10个回合，就能让狗狗消耗掉过剩的精力了。

这个游戏的升级版是搜索+衔回，即把球扔到茂密的草丛中（有二三十厘米高的麦冬草地是最理想的），然后让狗狗用鼻子把球找出来。这个游戏比直接衔回难度要大，但是对于喜欢挑战的狗狗会更有吸引力。当然，在做升级版游戏时，需要循序渐进。先把球藏在狗狗容易找到的地方，等它了解游戏规则之后，再逐步加大难度。这个游戏不但能快速消耗狗狗旺盛的精力，还可以为主人赢得一点在一旁锻炼身体的自由时间呢！

在室内玩搜索+衔回的游戏，也会让狗狗兴奋不已。把球或者手帕等物品在房间里藏好，然后下令让狗狗去找，是下雨天不能外出时让狗狗在家里消耗精力的好方法。在室内搜索的训练方法见“第六章　第八节　搜索”。

第二节 躲猫猫

1．游戏规则

一人蒙住狗狗的眼睛，另一人去躲好，然后让狗狗利用嗅觉找出躲藏者。

2．游戏方法

参见“第六章　第八节　搜索”。

这个游戏不仅适合在室内，也很适合在户外做。趁狗狗忙着低头闻气味或者跟其他狗狗打招呼时，主人赶紧找个能观察到狗狗的地方躲起来。等狗狗找到你时，给它一个大大的拥抱。刚开始练习时，如果发现狗狗实在找不到自己，可以轻声呼唤狗狗的名字作为提示。以后再逐步提高难度，不要发出声音，让狗狗依靠嗅觉来找主人。

如果是两个人一起遛狗，则可以让一个人控制住狗狗，另一个人迅速躲好，然后让狗狗去寻找躲好的主人。

经常在户外做这个游戏，还能在不小心和狗狗走散之后，让狗狗能根据气味顺利找到主人！

第三节 打猎

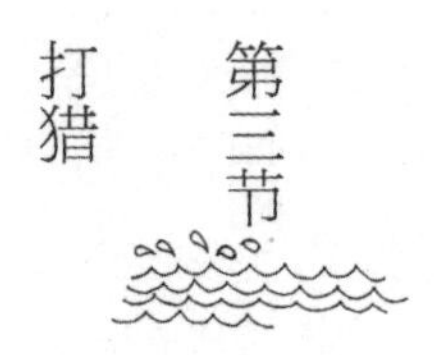

1. 游戏规则

让狗狗在门口“坐下，别动”，主人进房间藏好食物，然后让狗狗进去搜索。搜到的食物当然可以当场吃掉作为奖励！

这个游戏其实也是搜索游戏的另一个版本，但是因为结果和食物直接相联系，所以会成为狗狗最喜欢的游戏。

2. 游戏方法

① 让狗狗先在门口“坐下，别动”。（如果常和它玩室内搜索游戏，会很容易做到。）

② 主人进屋，关上房门，然后把食物藏在房间的各个角落。和前面的搜索游戏一样，难度也是从易到难。刚开始可以只是在门背后、橱柜旁等角落里，等狗狗明白游戏规则后，可以加大难度，把食物藏在地毯下、垫子下、纸盒里等。（注意：藏匿食物的地方应是主人平时不可能放其他食物的地方，否则狗狗以后会经常去这些地方“试试运气”。）

③ 藏好食物后，主人开门，先控制住狗狗，下达“搜”的口令之后，再松手让兴奋的狗狗进屋“打猎”。

这个游戏利用了狗狗打猎的天性，不但能消耗它的精力，还能让它非常有成就感！

小贴士

可以利用狗狗的正餐玩这个游戏。例如主人在早上上班前，藏好早餐分量的狗粮，出门前下达“搜”的口令。这样可以让狗狗独自在家的时间变得不那么无聊。对于像瓯元那样精力超级旺盛的狗狗，甚至可以每顿饭都用这种方式给它吃，这样可以消耗它的大量精力。

第四节 摔跤游戏

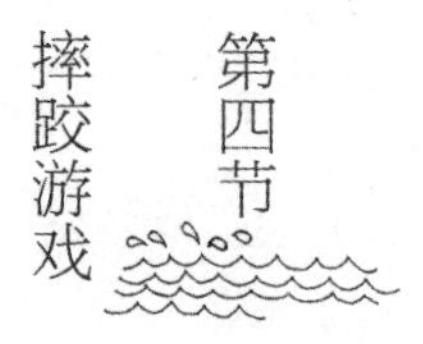

1．游戏规则

主人把狗狗扑倒在地，让它四脚朝天，然后和它打闹，可以弄乱它的毛发，轻轻抓它的四肢，甚至把手伸进它嘴里让它咬，就像两只狗狗在一起玩的那样。

这个游戏比较适合在室内玩，当然，如果户外有块干净的大草坪，又碰上风和日丽的天气，那么在户外玩也非常不错。

2．游戏方法

（参见“第三章　第三节　咬力控制训练”）

① 主人把狗狗四脚朝天扑倒在地，一边跟它打闹，一边把手伸进它的嘴里。

② 在狗狗咬到主人手的时候，如果下嘴比较重，主人一定要做出被咬痛的样子，“啊唷”尖叫一声逃开，就像我们不小心弄痛小狗时小狗的反应一样。

③ 逃开后停止游戏10秒左右，再重新开始游戏。

④ 逐步提高标准，直到狗狗能够很轻柔地咬你的手为止。

注意：

这个游戏最好从几个月大的幼犬开始训练，目的是让狗狗长大后知道如何控制自己的咬力，当然，这同时也是很好地消耗狗狗精力的办法。

狗狗可以很精确地控制它的咬力，但是如果我们不告诉它什么样的力度是恰当的，那么它长大后，下嘴就不知轻重了。通过这个游戏，可以很明确地给它关于下嘴力度的反馈。

第五节 抓住你

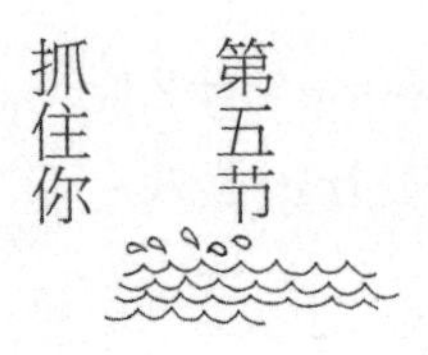

1．游戏规则

由主人宣布“抓住你喽”，然后狗狗开始逃跑，主人在后面虚张声势地追逐，最后根据主人的口令停下。

这也是室内和户外都可以进行的游戏。刚开始训练的时候应在室内，因为户外场地过大，容易使狗狗一味地奔跑，不听口令停下来。

2．游戏方法

① 主人一边用夸张的语调说“抓住你喽”，一边张开双手做抓捕状，向狗狗扑去。

② 一般狗狗会拔腿就跑。主人就在后面一边继续喊“抓住你喽”，一边追赶。

③ 如果狗狗站在原地不动，主人可以一边喊，一边自己先跑，引诱它来追自己，等它跑起来之后，再故意放慢脚步，让它跑到前面。

④ 把狗狗追到房间的一个角落，等它无路可逃，站住不动的瞬间，喊口令“停”，然后抓住。

⑤ 立即对狗狗进行奖励。

⑥ 再重新开始游戏。等玩了两三次，狗狗已经开始明白游戏规则之后，在把它逼入角落之前就喊“停”，等狗狗停下后抓住它，再奖励。

⑦ 等在室内熟悉这个游戏之后，再到户外进行训练。

注意：

狗狗熟悉这个游戏之后，有时候会偷懒，直接站在原地让主人抓住，希望直奔主题——领奖。遇到这种情况，主人不要给它奖励，而是应该按照步骤③的方法带动狗狗跑起来后再奖励。

这个游戏要训练的重点是狗狗能够在追逐的过程中，听到口令后站住不动，让主人抓住自己。这既是消耗狗狗体力的一个好办法，同时也能在紧急情况下让主人顺利控制住狗狗，避免意外发生。

第六节 拔河

1．游戏规则

主人把玩具的一端放在狗狗嘴边，狗狗张嘴咬住，主人用手拿着另一端跟狗狗“拔河”。当主人要求狗狗松开的时候，狗狗必须松嘴。

拔河是大多数狗狗都很喜欢的游戏。虽然有很多专业人士或书籍会建议不要和狗狗玩这个游戏——他们认为这个游戏主人很容易输给狗狗，从而让狗狗产生支配主人的想法——但是琼·唐纳森却认为只要事先制订好游戏规则（最重要的就是由主人决定游戏的开始和结束，而不是狗狗），不但可以让狗狗尽情享受拔河的乐趣，还能让主人充分掌控游戏的过程。

为了做到这一点，先要训练狗狗听懂“咬”和“松”的口令。

先训练“咬”：

用一只手抓住玩具的一端，把拔河玩具放到狗狗嘴边，同时下达“咬”的口令。通常狗狗会张嘴咬住玩具。让它咬住几秒钟后，进行奖励。重复几次，直到狗狗听到“咬”的口令能毫不犹豫地张嘴咬住嘴边的玩具为止。

再训练“松”：

先下达“咬”的口令，等狗狗咬住玩具几秒后，再下达“松”的口令，同时用另一只手在狗狗的嘴边展示零食。通常狗狗看到零食，就会自动松口。在它松口的瞬间，移走玩具，并立即进行奖励。练习两三次之后，不要让狗狗看到零食，直接下达“松”的口令，并耐心等待几秒，等它松口后再进行奖励。直到它听到“松”的口令后，能立即松口为止。

等狗狗熟练掌握“咬” 和“松”之后，就可以开始和它玩拔河的游戏了。

主人在和瓯弟玩拔河游戏

2．游戏方法

① 用一只手抓住拔河玩具的一端，把另一端送到狗狗嘴边，并下令“咬”。

② 等狗狗咬住玩具后，轻轻拉扯玩具，诱使狗狗向反方向拉玩具。用很开心的表情和口吻说“拔河喽”，根据狗狗的力量慢慢加大拉力，形成“拔河”的状态。

③ 几个回合之后，下达“松”的口令，在狗狗张嘴后移走玩具，对它进行口头表扬，如“小乖乖”。

④ 休息几秒后，重新开始游戏。

注意：

① 在游戏过程中，经常进行服从训练，即拿走玩具后，下令“休息”，然后让狗狗“坐下”或者“卧”，安静片刻后再恢复游戏。

② 固定1～2个玩具作为拔河专用玩具。可以同时将这个玩具用于“衔回”等其他游戏，但是不要用其他玩具用来拔河。这样可以避免狗狗产生“任何物品都可以用来玩拔河”的想法。

③ 只有经主人邀请，才可以进行拔河游戏。如果狗狗自己叼着拔河玩具来塞给主人，一定不能和它玩。可以先对其不予理睬1～2分钟，然后再拿起玩具去邀请它玩。

第十章 发情期的问题

狗狗进入青春期（6~8个月）后，性发育成熟，主人需要面对新的问题了。

首先让我们来了解一下**狗狗什么时候发情，以及发情的症状**。

母狗：一般是一年两次，分别在春季和秋季发情。母狗的发情期可分为3个阶段：发情前期、发情中期和发情后期。

（1）发情前期

发情前期是指从阴道开始出血到可以交配的时间，一般为7~10天。这个时期卵子已接近成熟，表现为外阴部红肿，阴道中流出带血的黏液，颜色为深红色。

如果是小型犬，因为出血量很少，而且狗狗一般会及时舔掉，所以主人不容易从出血的情况来判断狗狗是否发情。

如果发现狗狗经常坐下来舔自己的阴部，主人就要注意观察，如果发现外阴肿胀，像一个“小桃子”，那么狗狗就是发情了。

此外，处于发情前期的母狗一般会出现食欲降低，饮水量增加，喜欢外出，出去后喜欢四处撒尿，喜欢和公狗玩等现象。但此时母狗还不允许公狗进行交配，只要公狗想要爬跨，一般母狗会当即“翻脸”，对公狗做出吠叫等攻击性动作，把公狗赶开。

虽然这时母狗还不允许公狗交配，但是母狗到处留下的气味已经足以吸引成群的公狗每天到母狗家门口来守候了。

（2）发情中期

从阴道出血开始约第9天，进入发情中期。发情中期一般持续一周左右。此时外阴仍然肿胀变软，但会逐渐缩小。同时出血量大大减少，颜色逐渐变淡，直至停止出血。人们为轻碰其臀部，母犬就会将尾巴翘起，偏于一侧，做出等待交配的姿势。这时母狗允许公狗进行交配。进入发情中期后第 2 ～ 8 天，母狗开始排卵，这时是最容易交配的时候。

进入发情中期的母狗比在发情前期时更急切地想去找公狗，而且会主动地将尾巴翘起向左右偏转，露出外阴，“引诱”并允许公狗爬跨。如果您不希望狗狗怀孕的话，这时候一定要严加看管，尽量避免和公狗接触，以免造成意外怀孕。

（3）发情后期

发情中期过后，即进入发情后期，约持续10天左右。此时母狗外部症状消失，肿胀的外阴逐渐缩小，恢复正常，阴道分泌的黏液减少，出血完全停止。狗狗也恢复安静的性情。如母犬已怀孕则进入妊娠期。

进入发情后期的母狗虽然仍能引起公狗的兴趣，但母狗会重新开始拒绝公狗爬跨。

公狗：发情则是被动的，是在发情母狗气味的刺激下才发情的。

如前面所说，母狗在发情期会不停地在户外通过尿液散发自己的“名片”。公狗闻到了发情母狗留下的气味之后，就会发情。

公狗发情的表现有：厌食、躁动、喜欢外出、一出门就在地面上四处闻母狗留下的“气味”，并循迹去找发情的母狗，如果找到发情母狗的家则以后一出门就直接去母狗家，遇到发情的母狗就企图爬跨，有的公狗发情后如果找不到母狗，会在其他公狗、毛绒玩具，以及主人腿上爬跨。

主人在狗狗发情的时候要特别注意以下问题。

（1）对于母狗

① 卫生问题

尽量不要让狗狗坐在脏冷的地上，回家后用温水及洁尔阴洗液擦洗外阴。

② 意外怀孕

在发情中期要对狗狗严加看管，尽量避免和公狗接触。

（2）对于公狗

① 打架问题

处于发情期的公狗，无论体型大小，都非常容易为争夺配偶而斗殴。因此，在发情季节带公狗（哪怕狗狗还没有发情）出门散步时，必须要系好牵引绳，遇到小伙伴时，先问好性别和发情状况，确认安全后，再松开绳子让狗狗玩耍。

如果对方是单独一只公狗或母狗，理论上都是安全的。如果对方有两只或两只以上的狗，其中一只是发情的母狗，其他是公狗，则危险系数最高。最好赶快带狗狗远离是非之地。即使对方是单独一只公狗或母狗，在让狗狗们玩耍的时候，主人也必须要眼观六路，耳听八方，以免突然来了一只发情的母狗或公狗，引起争斗。

② 爬跨问题

主人发现公狗的爬跨行为时，不要打骂，只要一发现就把它和爬跨对象分开，并用别的游戏分散其注意力。如果不是为了配种的需要，最好给公狗实施绝育手术。

（3）对于母狗和公狗都要注意

走失问题

前面已经介绍过，在发情期，无论公狗和母狗都会躁动不安，想要出门去“找对象”。所以在这段时间，平时安静的狗狗很有可能趁主人不注意，自己想办法“越狱”。我以前养的京叭Doddy长得很胖，平时根本不可能从院子围栏的缝隙间钻出，它也从未想过要从那里钻出去。但有一年发情的时候，为了追求隔壁家发情的母狗“妮妮”它有一次居然从缝隙里钻了出去。

此外，虽然平时公狗出门的时候都不会忘记沿路撒尿做记号，但发情的公狗，一心一意都在找“老婆”上，常常会忘了做记号，而只顾循着母狗的气味一路找去。等事后想回家的时候，才发现已经找不到回家的路了。很多主人平时不愿意给狗系牵引绳，因为即使走散了狗狗也会自己回家。但往往就是这些习惯自己回家的狗狗在发情期的时候走失了。

主人第一要防止狗狗出逃（即使是平时不可能的一些出口，这时也要考虑封闭），第二在出门的时候一定要系牵引绳，在松开绳后更要注意看管。

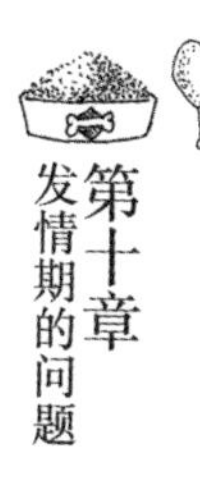

第十一章 打架了

无论您家的狗狗现在有多乖，我都建议您了解一些关于狗狗打架的知识，有备无患。在“漫漫狗生”中，打架这种事情是很难免的，因为狗狗就是用打架来解决一切矛盾的动物。

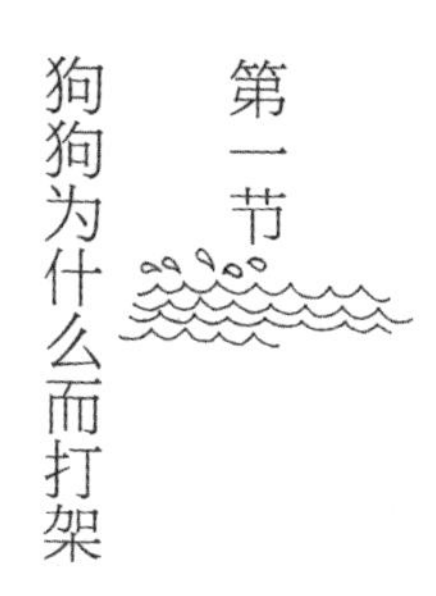

第一节 狗狗为什么而打架

1．守护资源

这是适者生存的自然选择。因为在自然界，资源是十分宝贵的，守护好来之不易的资源，对于繁衍和生存都具有重要的意义。家养的宠物犬虽然过着养尊处优的生活，依然有着守护资源的本能。它们所要守护的资源包括以下几方面。

① **配偶**

有一次我家留下发情的时候，有一只叫俊俊的狗狗天天来我家门口守候。有一天早上，另一只小公狗QQ也早早地来和俊俊一起等留下起床。QQ是一只小泰迪，体型只有俊俊的一半左右。

终于等到我开了门带留下出去，俊俊和QQ都争先恐后地向留下献媚。

谁知一转眼工夫，俊俊就对QQ发动了激烈的攻击。而QQ这时根本不顾自己只有对手的一半大小，也毫不示弱地进行反击。

俊俊之所以会先发制人地对QQ发动攻击，最主要的原因是它每天在我家门口守候，等留下出来后就跟着一起散步，连续几天同进同出，已经让它自认为留下是属于自己的了，所以对胆敢前来横刀夺爱的QQ自然是毫不心慈手软。

② **食物**

这个原因很好理解，因为食物是狗生活中的头等大事。很多时候，两只平时关系还不错的狗狗突然反目，往往就是因为一只狗动了另一只的“奶酪”。

还有的时候，在人类看来起因却并不是那么明显，甚至会认为狗狗无缘无故地打架了，而实际上也是因为食物之争。

例如我们家留下的好朋友丰儿的妈妈遛狗时喜欢将零食拿出来给留下和丰儿分享。有一天留下和丰儿一起散步时，遇上了丰儿的另一个女朋友Julia。丰儿妈妈照例拿出了零食准备分给三只狗狗。谁知还没有分呢，个子娇小的Julia一看见零食，第一反应就是向留下狂叫并企图咬它。原来虽然留下和丰儿是好朋友，丰儿和Julia是好朋友，它们之间都不会为争夺食物而打架，但Julia和留下却并不熟悉，因此三只狗同时在场时，情况就不同了。所以我建议遛狗时不要轻易给狗狗分吃零食。

有一次我同时在遛留下、瓯弟和瓯元。三只狗狗边走边各自嗅着路边的各种气味，相安无事。突然间留下对瓯弟和瓯元大声叫了起来，还做出空咬的威胁动作。我一检查，才发现路边有一袋不知被谁丢弃的臭气熏天的臭豆腐。留下正是为了把这袋臭豆腐据为己有，才威胁瓯弟和瓯元的。

还有一次我在天目山带着村里的两条中华田园犬——小花和毛毛玩。小花和毛毛年纪相仿，小花是公狗，毛毛是母狗，两只狗是很要好的朋友。那天走在半路上，小花忽然狂吠着朝正在路边的杂草丛低头闻气味的毛毛冲过去，直到把毛毛从那块地方赶开才作罢。我仔细一看，原来那是小花昨天埋肉骨头的地方。小花常常会把暂时吃不掉的食物埋在一个秘密的地方，等下次饿了再挖出来吃。

诸如此类的例子，不胜枚举。究其原因，都是为了守护食物资源。

③ **主人**

有的狗狗会把主人也视为自己要守护的资源。如果主人去宠爱别的狗狗，它就会冲上去攻击，直到把对方赶走为止。

④ **玩具**

玩具对于狗狗来说绝不是我们人类所认为的普普通通的玩具，而是宝贵的猎物。因此为了争夺玩具而大打出手的场面可谓屡见不鲜。我姐姐家的瓯元和瓯弟两只狗狗每天都要为此而上演几场打架的场面。

要注意的是，这里所说的玩具是泛指。对于狗狗来说，偷来的一只破袜子、一张餐巾纸之类的都有可能是它要守护的“宝贝”。

⑤ **地盘**

狗狗要守护的地盘除了它们和人类共处的家之外，还包括它自己睡觉的地方（如果它和主人睡在同一张床上，那么它就有可能把这张床也视为自己的地盘），以及它经常占据的沙发等。

除了守护配偶之外（也有个别狗狗把某一位主人视为自己的配偶而进行守护），如果不经过训练，狗狗也经常会为了守护其他几类资源而对人类发起攻击。这类问题的预防及纠正见“第五章　第十节　护食”。

2．确认地位

狗跟它们的祖先狼一样，也是要区分社会地位的，而要确立社会地位的高低，就是通过打一架了。

这类争战通常发生在当有新成员进入一个群体时。这个群体是指一个相对稳定的群体。例如由一只狗和几个人类组成的家，经常在某个公园或者草坪等公共场合聚会的一群狗，在农村的一个自然村落范围里的所有狗。

一般原来的“首领”会率先对新狗发起挑衅，如果新狗表示臣服（放低身段，夹起尾巴，肚皮朝天躺下，发出“呜呜”的哀鸣声等），“首领”的地位得到确认，达到了“不战而屈人之兵”的目的，战斗就宣告结束。“首领”绝对不会对已经臣服的狗狗再进行伤害。倘若新狗不服，用吠叫和扑咬与“首领”对抗的话，那么战争就会升级，直到一方认输为止。这种场面在我们围观的人类看来十分恐怖，双方都会发出最大的吼叫声，而且会撕咬在一起，难分难解。这是最容易发生流血事件的争斗。

我所居住的小区里有一个小草坡，我们把它叫做“狗山”，因为每天下午小区里的许多狗狗都会到那里聚会。它们中间有一只是“狗王”，名叫King。凡是想到“狗山”上来玩的新狗，King都会冲上去示威一下。只有经过King首肯的新狗才允许在“狗山”上玩。也有些不服气的，跟King打了一架，付出血的代价后，承认了“狗王”的地位，以后再来玩就相安无事了。

3．不懂社交礼仪

① 出场的时候过于激动，表现超级兴奋且举止粗鲁

这类狗狗被琼·唐纳森在*Fight*一书中形象地称为“人猿泰山”。它们从小就被人类收养，在青春期之前几乎从未见过自己的同类，更不要说具有如何跟同类交往的经验了。所以等到突然见到自己的同类时，它们会表现得超级兴奋，按捺不住地想要和对方玩，却又完全不懂狗狗的社交礼仪，因此在对方看来表现粗鲁，完全是“欠揍”的那种，很容易一番好意被对方认为是敌意，从而引发战斗。

按照犬类的礼仪，两只狗见面时应当先减速，保持一定距离（大约1米左右），然后慢慢接近，先相互闻一下脸部的气味，然后再去闻对方屁股的气味，双方首尾相接，成一个环状。通过闻气味，了解对方的各种信息、如年龄、性别、是否处于发情期、是否投缘等。如果不投缘，闻好气味，双方就会分开，各走各的。如果是公狗的话，还会在最近一个垂直物体旁撒上几滴尿，留下“到此一游”的记号。如果投缘，则双方会分开一下，前肢向前方地面伸展，臀部抬高，做出一个“鞠躬”的姿势，表示邀请对方一起玩。

而“人猿泰山”类的狗狗则根本不懂这一套规矩，它们从来不知道先保持“一米线”，也不知道去闻对方的气味，而是直接冲到对方跟前，然后用自己的方式企图挑逗对方跟自己玩，完全读不懂对方讨厌自己的肢体语言。

这类狗狗对其他狗狗有很强烈的兴趣，只是缺乏社交礼仪，不懂得如何正确地跟同类交往。

瓯弟就是这样一个典型。它非常喜欢和留下一起玩，但又不懂得怎样和它交往。每次一见到留下就直接冲到它的身后，企图爬跨（无论留下是否在发情），或者对着留下用它那尖嗓音“汪汪汪汪”地叫个不停，企图用叫声来吸引留下。完全没有先保持距离、再闻气味的过程，也全然不知道它的动作和叫声在留下看来实在是太“粗鲁”了，难怪每次它的满腔热情都会招致留下的攻击。

② 不喜欢跟同类玩，对于同类的接近过于敏感

还有的狗狗虽然也是从小没有或者很少有机会接触同类，但长大后和“人猿泰山”的表现却正好相反，它们不喜欢跟同类玩，对于同类的接近过于敏感。我把这种情况称为“社交恐惧症”。

当有别的狗狗接近的时候，它们会有两种截然相反的表现：一种看起来很胆小，遇到别的狗狗就退缩、逃避；另一种则显得很凶猛，会做出各种威胁动作，包括皱鼻子、露出牙齿、吠叫，甚至上前扑咬。后者就很有可能引起一场战斗了。

这两种截然相反的表现，其内在的原因是相同的，那就是：缺乏自信和害怕。所有动物，当它们对某一样事物害怕的时候，也就是把对方视为一种威胁。解除威胁的办法就是加大与威胁物的距离。退缩和逃避是主动加大和对方的距离，而做出攻击性动作则是要求对方远离自己。这是为了达到同一目的的两种不同策略。如果把退缩称为A计划的话，攻击就是B计划。狗狗会根据不同情况选择A计划或者B计划，并且在所选择的计划不奏效的时候，迅速转换成另一种计划。

看起来胆小和看起来凶猛的狗狗不是绝对的，在不同的场合下会相互转化。

一般说来，小型犬和大型犬都比较容易患上“社交恐惧症”。最主要的原因是主人对小型犬实施了过度保护，为了避免它受到伤害，从小不让它跟别的狗接触；而大型犬则因为在只有几个月大的时候就已经长得很吓人了，很少有人愿意让自己的狗狗跟它玩。

另外还有两种情况，虽然看起来不一样，但实质上和这一类情况相同。

一种是原来的社交情况很正常，但在某一次被别的狗咬伤了，从此就会害怕和别的狗接触。

还有一种是虽然从小和别的狗狗一起长大，但是所接触的都是自己家里的狗狗。主人认为狗狗已经有玩伴了，就没有带它们出去和别的狗玩。这样的狗狗长大后也极有可能会害上社交恐惧症，并且因为有自己的一个小群体，而特别容易对外界的狗狗产生攻击行为。

患有“社交恐惧症”的狗狗如果习惯采用B计划的话，就很容易在别的狗狗接近它的时候引发战斗。

③ **游戏技巧欠缺**

有的时候，当两只狗狗在一起玩的时候会玩过了火，把游戏变成了打架。这很像我们杭州话的一首童谣所唱的：小芽儿（小孩子），搞搞儿（玩游戏），搞到后来打架儿。

琼·唐纳森在*Fight*一书中解释说："当两只狗在一起玩的时候，经常会有角色轮换：一只狗咬一口对方，然后被对方咬一口；一只狗追赶对方，然后被对方追赶；一只狗把对方压在下面，然后被对方压在下面。在游戏的过程中通过经常性地做出邀请鞠躬、举起爪子、无效的冲撞动作、夸张的虚张声势的动作以及咧嘴微笑的游戏表情来实现游戏暂停，从而实现角色的轮换。如果这个规则被打破了，一方不停地重复着同样的动作，而且程度越来越激烈，另一方想要换成其他动作或者降低程度的信号被忽视了，就容易使对方恼怒、自卫甚至开打。"

④ **骚扰**

这一种情况大致又可以分为两类。

第一类属于性骚扰。多数为公狗在母狗不情愿的时候，如发情前期，或者发情后期，甚至根本没有在发情期的时候，企图去爬跨母狗，那是一定会被母狗视为性骚扰而对其大发"雌"威的。也有的公狗会搞不清状况去爬跨别的公狗，那当然也是属于"令狗讨厌"的行径，除非是熟悉的好"基友"之间闹着玩。

第二类属于为了游戏而进行的故意骚扰。有些狗狗为了能让别的狗狗陪自己玩，如果对方不理它，就故意去冲撞一下对方，或者一边望着对方一边汪汪地叫，然后迅速跑开。一会儿再过来骚扰一下，再跑开。直到对方被激怒后去追逐它，想把它赶走，它却把此视为游戏的开始。

第三类属于无心骚扰。一只狗出于无心的吠叫、冲撞，或者超过了"一米线"等，都有可能被另一只狗认为是骚扰，引起反感。如果家里有两只以上的狗，那么这类因为琐事而发生的矛盾可能占的比例会是最大的。

4．基因问题

人类根据自身各种不同的需要，不断地对犬类进行着基因选择。因此有些犬种天生就具有很强的攻击性、例如斗牛犬、藏獒。

5．猎食本能

还有一种特殊情况，就是某些大型犬在遇到小型犬的时候会突然冲过去把小狗一口咬住，有的还会把小狗咬在嘴里来回地甩。我没有在资料上查到原因，但根据我看见及经历过的一些案例来看，很像是大狗把小狗当成了猎物，在做“猎食”的游戏。所以我把这种情况归成猎食本能，这一类情况实际上是基因问题的特殊情况。

6．主人传递了错误信息

在很多情况下，两只狗狗的战争实际上是主人无意间挑起的。

例如一只小型犬的主人甲看到迎面来了一只大型犬，甲害怕对方会伤害自己的小狗，于是迅速抱起小狗。这个突然的动作很清楚地向小狗传递了主人的感觉：危险！感到害怕的小狗因为被主人抱着，无法采取A计划——逃跑，于是只好孤注一掷，采取B计划——在主人怀里不停地向对方吠叫。被激怒的大狗（个别特别成熟稳重的除外）于是也用吠叫甚至扑咬等攻击性动作进行还击。

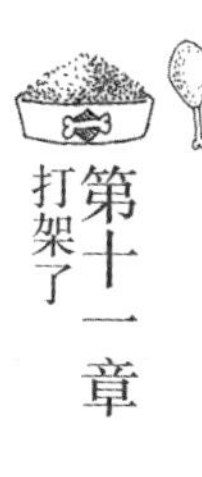

还有一种情况是两只狗因为守护资源的原因曾经发生过矛盾，后来每次见面的时候，主人因为害怕再起纷争，就采取猛拉牵引绳，或者突然抱到怀里等措施来防止两只狗打架。其实，对于狗狗来说是没有永久的敌人的。如果它们曾为了一块肉骨头而大打出手，那么肉骨头消失以后，它们是不会记仇的。但是主人的行为却等于是在提醒自己的狗狗：当心！对方很危险！于是，跟上面一样，狗狗就先发制人地采取了攻击行为，而主人却以为是因为两只狗是“仇人”，所以一见面就要互相攻击。

这一类情况实际上是“对于同类的接近过于敏感”的特殊表现形式，都是因为害怕而产生的。只不过在这种情况下，是因为主人的行为向狗狗传递了错误的“危险”信息，才导致狗狗产生害怕的情绪。

第二节 打架的形式有哪些

狗狗打架的形式基本上可以分为以下几种。

① 第一种是级别最低的，也就是发生身体伤害的可能性最小的，为单方面警告。

警告的程度由低到高分为：瞪眼、皱鼻子、龇牙、低吼、高声吠叫、边吠叫边冲向对方，以及空咬。其中，空咬是指狗狗做出咬的动作，甚至上下牙齿也会碰在一起，但却并不真的想去咬对方，最多只会因为位置没有控制精确而碰到了对方的毛发。但在旁观者看来，却很像是真的下嘴咬对方。

有的时候，可能因为以前使用吠叫或空咬的策略曾经奏效，那么狗狗就会省略前面的步骤，而直接采用最高程度的警告。

当一只狗在守护自己的资源时，一般会先发出单方面警告。无论是何种程度的警告，如果侵犯者能识相地立即离开对方正在守护的资源，那么是不会发生斗殴的。虽然有时候发警告者的样子会很恐怖，好像要跟对方打架的样子，但其目的也就是吓退对方，不战而胜。这样守卫者需要付出的代价是最小的。

另外，当一只自认为是首领的狗遇到新加入的成员时，也会先通过单方面警告向对方宣布自己的身份。不过这种警告一般不会经历由低到高的程度，而是直接采用边吠叫边冲向对方，甚至空咬的最高级别警告。这样可以很清楚地向对方展示自己的实力，避免对方因为自不量力而发生不必要的打斗。毕竟真正的打斗对双方都是有损失的。

如果对方接到警告之后，立即做出“投降”姿态，那么首领是不会真正咬伤对方的，而且会很快放开对方。

当发生因为不懂社交礼仪而引起的冲突时，受到威胁或者骚扰的一方也会先发出单方面警告。其中，对于同类的接近过于敏感的狗在有同类接近的时候，根据和对方的距离、对方接近自己的速度，以及对方的体型、交锋的历史等情况发出不同程度的警告。在其他情况下，如对方出场时过于激动，表现超级兴奋且举止粗鲁，或者对方游戏技巧欠缺，以及受到对方骚扰等，一般因为情况紧急，也会直接发出最高程度的警告。这种警告在人类看来，好像是一只狗吠叫着要去咬另一只狗，而实际上其目的只是在于吓唬对方，只要对方停止骚扰，或者离开，一般警告就会停止，不会再升级了。

② 第二种是级别较高，有可能会发生身体伤害的，为双方斗殴。

简而言之，当警告无效时，即会升级为斗殴。

例如，当一只狗无视另一只狗为保护资源而发出的警告继续接近对方的资源，甚至企图夺取对方正在守护的资源时，一场斗殴就无可避免了。

如果新成员想挑战老首领的权威，就会对老首领发出的警告进行对抗，而非摆出投降的姿态。对抗的形式从对视，对“骂”，直到对打，对咬。

如果引起矛盾的一方不顾对方的警告，继续接近或骚扰的话，警告就会升级为真正的咬，而被咬的一方因为疼痛也会还嘴，这样就变成了双方斗殴。

当两只或两只以上的狗发生斗殴时，场面有可能会显得非常可怕。每一只狗都会最大程度地露出自己白森森的牙齿，做出要吃掉对方的表情；发出最大程度的连续不断的吠叫声；用身体激烈地冲撞对方；用嘴去撕咬对方的面部、头部、背部等处。但这种斗殴通常只是一种仪式性的争斗，其目的在于分出胜负，而非杀死对方。所以，虽然在一旁看的人会胆战心惊，而且也有可能真的会流点血，但结果却并不会太可怕。

我在“第十章　发情期的问题”里讲到的两只公狗俊俊和QQ为了争夺我们家留下而发生的那场可怕的战役，后来检查下来，除了双方都咬下了对方几根毛发，还有QQ因为过分激动而咬破一点自己的舌头之外，并没有在对方身上留下任何伤口。

瓯元刚到我家来接受培训的时候，因为不服留下的首领地位，每天都要和留下场面激烈地打上好几场架。最严重的伤害却只不过是瓯元的鼻子被咬破了一点皮，伤口不足一毫米。如果不是正好在鼻子上，根本不会产生任何伤害的。

还有一次，留下发情的时候和男朋友丰儿一起散步，路上遇到了一只没有牵绳的公狗。两只公狗在一瞬间就撕咬在了一起，而且发出了巨大的吠叫声。那场面把丰儿妈妈吓得惨无人色。好不容易把两只狗分开了，我们立即带丰儿去医院检查。结果只在耳朵上有一点点皮外伤，医生擦了点碘酒，没收钱就让我们回家了。

琼·唐纳森在*Fight*一书中介绍了邓巴博士的咬伤/打架比例法，可以很客观地评估两只狗打架的预后情况——用将狗狗送去宠物医院缝针治疗的次数除以打架的次数。例如瓯元在承认留下的首领地位前，至少和留下打了10场架，但双方需要送去医院治疗的次数均为零。所以留下的咬伤/打架比例为0/10=0。瓯元的咬伤/打架比例也为0/10=0。这样我们可以估计出，留下和瓯元在跟狗打架的时候，是不太可能真正咬伤对方的。

所以，琼·唐纳森总结说："狗和狗之间打架看上去的可怕或激烈程度和所造成的伤害程度之间没有任何关系。事实上，鉴于狗狗所采用的仪式化的打架形式，看上去越是戏剧化，动静越大，场面越混乱的战斗，其导致的伤害程度倒有可能是最小的。"了解这一点，有助于主人将来在遇到突发打架事件时保持镇定。

话虽然这么说，但是即便是这一类仪式化的打架，在两种情况下还是有可能造成较严重伤害的。第一是在打斗的时候，意外咬到了眼睛、鼻子、耳朵这些脆弱的部位。第二是双方体型相差悬殊，例如大型犬和小型犬之间发生争斗的时候，且大型犬从小没有受过咬力控制训练。

③ 第三种是级别最高，有可能造成重伤甚至致死的，为单方面对另一方发起的猎食性攻击。

这种情况发生时，往往发动攻击的一方不会事先发出任何警告，而是悄无声息地摆出一个猎食前的准备动作，然后直接扑向对方。这种攻击行为并不仅仅针对狗，如果出现在面前的是一只猫咪或兔子之类的小动物时，也会引起同样的攻击行为。而被攻击的一方往往是非常无辜的，没有做出任何可以引起斗殴的举动，只是在错误的时间出现在了错误的地点。

一般发动这种攻击的都是一些野性较强的大型犬，例如松狮和哈士奇，而被攻击的则是各种小型犬。

除了直接将对方咬成重伤甚至咬死之外，发动此类攻击的大型犬还经常会把“猎物”衔在嘴里，来回地甩，就跟狗狗有时候在玩毛绒玩具的举动一样。其实，这都是犬类“猎食”行为中的一部分。

我所在的小区曾发生过一起哈士奇咬死博美的惨案。 据目击者描述，当时博美没有牵绳，正在路边的草地上低头闻气味。这时一只哈士奇正好回家路过。小哈看见博美，没有发出任何警告，突然就扑了过去，一口咬在了博美的头上。可怜的小博美因为头骨碎裂而当场身亡。

我亲身经历过的一起类似的可怕事件则是在多年前，有一次我正带着我养的京叭Doddy在大草坪上玩，突然，毫无防备地，冲过来一只松狮，一口咬住Doddy的脖子，还把它叼在嘴里呼哧呼哧地来回甩。等我好不容易从“狮子”嘴里救回了Doddy，可怜的小狗已经被吓晕过去了，几分钟后才苏醒过来。不过幸运的是没有造成任何外伤。

这些事件都是很典型的猎食性攻击。

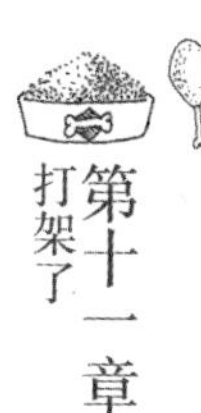

第三节 如何避免狗狗打架

要避免狗狗打架，除了从小加强教育，增强狗狗的自信以及社交能力之外，最主要的就是主人要够细心，能够及早接收到狗狗发出的警告信号，辨明引起矛盾的类别，根据不同情况，立即采取相应措施。

1．针对守护资源（包括配偶、食物、主人、玩具和地盘）的问题

无论正在守护资源的狗（以下简称“警告狗”）发出的是哪一级的警告，主人只要及时让侵犯的狗（以下简称“侵犯狗”）离开警告狗，战火就会被立即熄灭。如果主人能分辨出警告狗正在守护的资源是什么的话，也可立即将其正在守护的资源拿走，或者将所有的狗带离资源所在的地方，狗狗也能很快安静下来。

例如我在前面提到过的关于我家留下为了守护路边发现的一包臭豆腐而对瓯元和瓯弟发出警告的事例。我把臭豆腐扔进了垃圾桶，留下也就不再追究瓯元和瓯弟了。

有一次留下和瓯元好端端地在一起散步，留下忽然张嘴去咬瓯元。我一看，原来是路边有一堆猫粮。于是赶紧牵着两只狗离开，然后就相安无事了。

如果是两只公狗为了争女朋友而起了冲突，那么可以把侵犯狗带离警告狗，也可以把惹起事端的“红颜祸水”带离两只公狗。

有一次我家留下在发情期间，凑巧同时遇到了两位“追求者”——俊俊和泰迪。为了争夺女朋友，两只公狗一下就打得不可开交。我赶紧将留下带离争战现场，结果不到一分钟，俊俊和泰迪就停止了打斗，各

自散开了。

如果“侵犯狗”比较“识相”，在“警告狗”发出警告后能自动离开，那么主人甚至不需要采取任何措施，让狗狗自己去解决问题就可以了。我在天目山农村认识的那两条中华田园犬——小花和毛毛，就属于很“识相”的。当毛毛无意间接近小花埋骨头的“藏宝地”被小花警告后，就立即离开了（虽然它还没有搞清楚那里到底有什么宝贝）。所以它们的“战斗”也就仅限于小花叫了两声而已，虽然没有人类的介入，却也没有升级。农村的狗一般都比较“识相”，因为它们从小就和别的狗在一起相处，能听懂狗的语言，了解狗的规矩。而城市里的狗因为从小就被带入人类的家庭，很少有机会跟同类交流，等长大了之后，就会跟同类“沟通障碍”。

如果“侵犯狗”不“识相”，在受到警告后还要继续侵犯的话，主人应立即采取前述措施，以免警告升级为斗殴。

2. 针对确认地位的问题

前面说过，这种情况一般发生在有新成员进入一个相对稳定的群体时。因此，一个最简单的办法就是“逃之夭夭”——赶紧把新成员带离这个群体。我姐姐家以前养的比格犬Jerry初到天目山农村的时候，就曾经遇上了村里的狗王带着一群手下前来叫板。虽然比格犬的身材比中华田园犬要高大很多，但是“好狗不吃眼前亏”，我们还是赶紧带着Jerry溜之大吉，狗王也就随之撤了兵。

但是，这种情况更多发生在当第二只狗进入一个家庭的时候。这时候是不可能采取上面的办法的，必须面对矛盾。我的建议是在主人的监督下，让两只狗“决一雌雄”。

一旦决出了胜负，那么在相当一段时间内，也就是负方的实力还没有增长到可以再次挑战胜方权威的时候，双方是不会再爆发战争的。但是，如果没有决出胜负，那么家里就会矛盾不断。如果主人比较有权威，也许主人在场的时候不会发生明显的争斗，但主人一离开，双方就很有可能再次开战。让主人监督的目的是在争斗过于激烈的时候能够及时将两只狗分开，让争斗暂停，以避免发生大的流血事件。

我在前面曾经提到，瓯元刚来我们家培训的时候，在三天里跟留下打了至少10场惊心动魄的架。一般都是给它们俩吃骨头的时候，留下吃完了自己的，转身去抢瓯元的。瓯元为了护食，就会先吵架，再打架。这个事情表面上看是护食引起的，其实质却是地位之争。因为留下自认为是首领，所以才会理所应当地去拿瓯元的食物。而瓯元并不承认留下的首领地位，因此会有护食的举动。直到第三天下午，留下无意间咬到了瓯元的鼻子，瓯元发出一阵阵惨叫，终于落荒而逃。从此以后，如果瓯元正在啃骨头，只要留下往它跟前一站，不用说话，瓯元就会乖乖地把骨头放在地上，任由留下叼走，决不反抗，而留下如果有什么吃剩的食物不吃了，瓯元过来吃，留下也只是朝它看看，并不会去攻击，家里反而安定团结了。

当然，如果双方实力相当，无法分出胜负，就容易战火不断，所谓“一山不容二虎”。遇到这种情况，最好考虑将其中一只送给更合适的人收养，或者实施绝育手术。

3．针对不懂社交礼仪的问题

（1）“社交恐惧症”

“社交恐惧症”，不喜欢跟同类玩，在有别的狗接近时就开始有吠叫、扑咬等攻击性行为，那么最简单的办法就是迅速将它带离。但这只是一个临时性的紧急措施，并不能从根本上解决问题，而且会让您的狗狗孤单一辈子。因此，更好的办法是通过脱敏治疗，帮助它克服心理障碍，从而能愉快地跟狗朋友玩。所谓脱敏治疗，就是从小到大，逐步加大刺激的程度，最终达到不再害怕刺激物的目的。

前面讲过，这种患有“社交恐惧症”的狗狗是因为害怕才会攻击接近自己的狗的。所以您可以采取以下步骤来帮助它消除这种害怕的心理。

要能在第一时间读懂狗狗发出的害怕信号。下面把这种狗简称为“害怕狗”。一般当有其他狗接近“害怕狗”，即将超过安全距离时，“害怕狗”会首先站住不动，身体僵硬，尾巴下垂，目光盯住来者。这是一级信号。如果“侵犯狗”继续接近，或者“害怕狗”的主人强行牵着“害怕狗”继续靠近“侵犯狗”，那么“害怕狗”就会发出皱鼻、龇牙、低吼、吠叫，甚至扑咬等更高级别的警告信号。

在狗狗发出一级信号时，主人应立即让“害怕狗”站在原地，或者后退几步，稍微拉长和“侵犯狗”的距离。这时狗狗刚刚开始提高警惕，还没有达到很害怕的程度。如果它没有继续发出更高级别的警告，甚至开始放松，这就是“安全距离”。

在“安全距离”下，主人一边温柔地抚摸“害怕狗”，一边用轻松的语调跟它说话，例如“别怕”等，等它安静下来后给它一些“高级”的零食。这样，可以让“侵犯狗”的出现形成和好吃的零食相联系的条件反射。还可以在“安全距离”下，让它做一些容易的服从性动作，例如“坐下，别动”，然后再给予奖励。

在狗狗完全放松后，再让两只狗狗的距离逐渐缩短。继续重复前面的动作。

说明：

① 要经常带“害怕狗”做此类训练。

② 主人一定要保持平和、淡定，切忌紧张。

③ 最好先找脾气好，训练有素的狗狗作为“侵犯狗”。

④ 随着狗狗年龄的增长，“脱敏”的难度会加大，因此越早开始训练越好。

⑤ 要在狗狗不感到害怕的“安全距离”下开始训练，切忌强迫它接近“侵犯狗”。

对于因为不懂社交礼仪而引起矛盾的其他情况，最简单的应急办法当然也是立即把“违规”的狗狗带走，但从长远的角度来看，最好是对这类狗狗进行训练，让它们懂得狗狗的社交礼仪。

（2）对于“人猿泰山”

① 主人务必要牵好绳子再出门。

② 在“人猿泰山”急着要冲向遇到的狗狗（以下称“治疗狗”）时，

要求“人猿泰山”坐下。如果坐下了，就表扬一下（口头表扬+抚摸即可），然后立即带它慢慢接近“治疗狗”。如果不肯坐下，继续朝前冲，则带它往相反的方向走上几米远，再重复。

③ 用牵引绳引导“人猿泰山”用闻气味的方式和对方打招呼，并给予表扬。

④ 等双方互嗅气味之后，即带“人猿泰山”离开。这样为一次训练。

⑤ 经过几次这样的训练之后，如果“人猿泰山”开始举止文明，遇到狗狗知道主动用闻气味的方式打招呼了，可以在闻气味之后，松开绳子，让双方玩一会儿。

⑥ 在松绳玩的时候应密切观察，如果过分粗鲁，引起对方警告，应立即控制住“人猿泰山”，让它“休息”，等平静下来再玩。

注意：

刚开始要找懂得社交礼仪，训练有素的狗狗做“治疗狗”。

（3）游戏技巧

① 如果您已经训练过惩罚用语，如“Sorry”，可以严厉地对“违规”的狗狗说“Sorry”，然后将它带到一边，让它“坐下，别动”。

② 等狗狗坐下后，进行表扬，也可以利用这个机会给它喝水。

③ 等狗狗保持不动几秒后（可以逐渐加长时间），再放开让它玩。

④ 在狗狗玩的时候主人应密切观察，一旦发现玩得出轨了，或者对方狗狗发出了警告信号，则立即重复步骤1～3。

（4）骚扰

对于因为性骚扰，或者无心冲撞等琐事引起的骚扰，如果“骚扰狗”在受到“被骚扰狗”的警告后能自动停止骚扰，那么矛盾不会升级，主人也无需采取任何措施。如果“骚扰狗”无视警告，继续骚扰，那么最好的办法就是将其带离“被骚扰狗”，或者用牵引绳控制住“骚扰狗”，让其无法实施骚扰。

还有一种情况是“骚扰狗”为了达到让对方跟自己玩的目的，而用吠叫或冲撞故意实施骚扰。因为它实施骚扰的目的是让对方跟自己玩，如果对方因为不堪骚扰，而转身去追赶它，就会无意间强化了这种行为。所以，为了纠正这种“流氓”行为，最好的办法就是不让它得逞。

① 当“骚扰狗”开始对其他狗吠叫或者冲撞，想引起对方注意时，立即将对方带走，或者抱起，并对“骚扰狗”说惩罚口令，如“Sorry!”。

② 让“骚扰狗”坐下，等它坐下后进行表扬。

③ 保持几秒后，放下“被骚扰狗”，让“骚扰狗”和其接触。

④ 如果“骚扰狗”继续开始骚扰，则立即重复步骤1～3。

4. 针对基因问题

作为负责的狗主人，应尽量了解一些关于狗狗的常识，包括哪些品种的狗特别具有攻击性。在遇到这一类狗的时候，采取“惹不起，躲得起”的办法就好了。

如果您自己养的就是这类天生攻击性特别强的狗狗，那么请务必从小开始对狗狗进行“咬力控制”及“社交能力”的训练。如果已经成年，除了亡羊补牢进行训练之外，在外出时一定要牵好绳子，最好佩戴口套。

为了能很好地控制这一类狗狗，主人还必须要成为狗狗承认的首领，并加强对狗狗的“召回”和“跟随”的训练。

5. 针对猎食本能

如果您养的是小型犬，那么出门时一定要注意观察周围是否有大型犬，如果对方是有主人牵着绳子的，则先问明情况再接近，如果没有牵绳，又不了解情况，那么还是先避开为妙。

如果您自己养的就是像哈士奇、松狮这类猎食本性较强的犬种，那么也请务必从小开始对狗狗进行“咬力控制”及“社交能力”的训练。其中在“社交能力”训练中，要特别注意让狗狗多接触小型犬、小猫等周围常见的小动物。如果已经成年，除了亡羊补牢进行训练之外，外出时也一定要牵好绳子，佩戴口套。

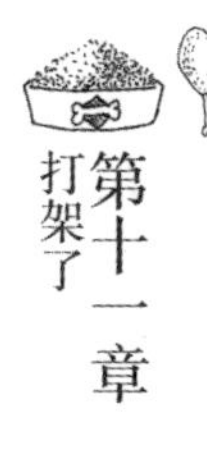

对于这类狗，主人也必须要成为首领才能很好地对其进行掌控。

6．针对主人传递了错误信息

主人的表情和动作会向狗狗传递危险或者安全的信息。狗狗是活在当下的。它们可以为了争夺一根肉骨头大打出手，但打完就可以重新和平相处，决不会因此而成为永远的“仇人”。

因此，主人要做到以下几点。

① 通过“就餐仪式”、“出门仪式”等仪式性行为在狗狗面前树立自己“首领”的形象。

② 路上遇到潜在的“敌人”时，保持镇定，放松牵引绳，不要做出猛拉牵引绳、突然转身、突然抱起狗狗等惊慌失措的动作。

③ 如果遇到曾经发生过矛盾的“仇人”，可以按照针对患有“社交恐惧症”的狗狗的治疗措施帮助狗狗消除可能的害怕心理。

最后，值得注意的是，狗狗很善于通过操作条件反射来“删除”无效行为。如果刚开始狗狗发出的“瞪眼、皱鼻子、龇牙及低吼”等“低级别”的警告被对方所忽略，而不得不采取“高声吠叫、扑咬”等“高级别”的攻击行为才达到了预期的效果——让对方后退，那么几次之后，狗狗就学到了“低级警告”为“无效动作”，以后它就会“删除”这些行为，在遇到危险时直接采取“高级别”的攻击行为。这就是为什么我以前养的京叭Doddy在小时候护食的时候会先发出“呜呜”的低吼声作为警告，而不知从什么时候起就不再发出这种预警，而是直接下嘴咬了。所以，如果主人能在狗狗发出“低级警告”时就及时采取措施，消除险情，那么狗狗就不会轻易采取“高级别”的攻击行为了。

第四节 如何劝架

对于已经发生的打斗，主人该怎么做才能尽快让狗狗平息下来，并将伤害减小到最低程度呢？

1. 保持镇定

如果主人惊慌失措，高声尖叫，对狗狗乱打乱踢，只会刺激已经高度兴奋的狗狗，让打斗的场面变得更加激烈。所以，深呼吸，保持镇定是最重要的！

想一想邓巴博士的咬伤/打架比例，以及琼·唐纳森关于“场面越戏剧化，伤害程度可能越小”的结论，可以帮助您在这种场合下保持镇定。

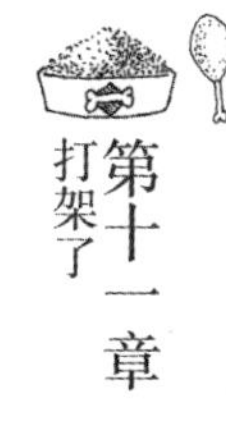

2. 切忌把手放到两者中间

狗狗在打架的时候是不会注意到主人的。如果主人把手伸到战斗正酣的两只狗狗之间，企图将它们分开的话，极有可能被已经发狂的狗狗咬伤。所以，千万不要把手或者身体的任何部位放到两者中间。

3. 快速将两只狗分开

分开的办法每个狗主人是“八仙过海，各显神通”，我自己试验下来比较有效，又不会伤到人的有三个方法，你可以根据现场的资源选择一个。

① 用突然发出的巨响声（例如敲打金属、喷射压缩空气等）惊吓狗狗，使其暂停打斗。主人不要对狗狗高声呵斥，那样会刺激狗狗，让其更加激动。

② 用随手能拿到的物体，例如杂志、网球拍、背包（我遛狗的时候总是随身背着一个“遛狗包”，紧急情况下还能派这个用场）、棍子、雨伞等插到两只狗中间，将它们隔开，然后迅速控制住其中一只。如果有两个人在场的话，最好是同时控制住两只狗。

③从腹股沟处抓住狗狗的两条后腿，抬起后腿，使其离地，同时向后拖动狗狗，使两只狗分开。最好是两人同时分别抓住两只狗的后腿，往两边将它们分开。如果只有一个人在场的话，就先去抓咬得比较凶的那只狗。如果分不清谁咬得比较凶，就先去控制不听你话的狗，通常就是别人的狗。这是琼·唐纳森在*Fight*一书里介绍的方法之一，我经过亲身实践，觉得非常有效。

对于一只大狗将小狗当成猎物咬在嘴里猛甩不放的特殊情况，则需特殊处理。

① 切忌用强力将小狗从大狗嘴里拉出来，那样反而会造成严重的外伤。

② 不要尖叫，不要踢打大狗，那样会刺激它咬得更重。

③ 大狗主人根据自家狗狗的受训情况及现场的资源按以下优先顺序采取措施。

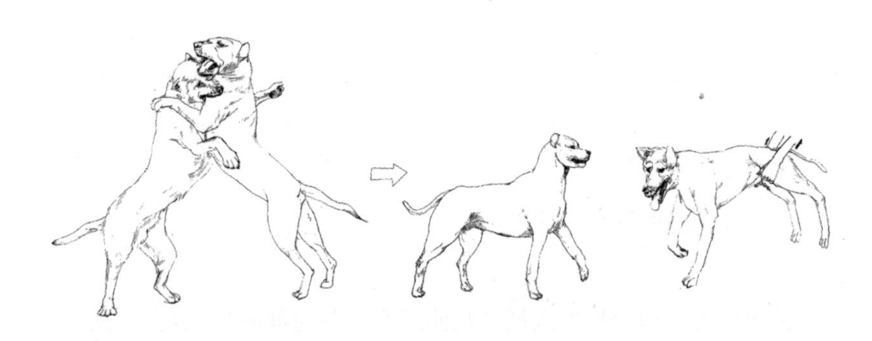

从腹股沟处抓住狗狗的两条后腿

a. 命令大狗“松嘴”。

b. 用零食引诱大狗，让其张嘴。

c. 跨骑在大狗背上，一手抓住其项圈，或者项部的皮毛，一手将一根棍子从其嘴角的缝隙中插入嘴中，转动棍子，等它刚一张嘴的时候，立即将小狗救出。

d. 如果找不到合适的棍子，还可尝试用双手掰开大狗的嘴。但一定要注意安全。

4．检查伤口

将两只狗分开后，要尽快彻底地对狗狗做个全身检查，注意要拨开毛发观察皮肤，看是否有伤口，并根据情况进行处理。

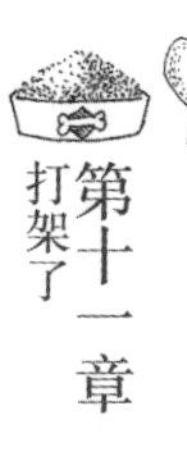

结束语

今年年初，我偶然开始帮助朋友章小姐救助一些流浪狗及弃养狗。我的任务是在等待领养的同时，临时收养这些小可怜，并对它们的一些行为问题进行纠正，以提高领养的成功率。

在这个过程中，我一方面心疼地看到竟然有那么多的狗狗被主人无情地遗弃，同时也很无奈地发现以我个人的力量去救助流浪狗，犹如杯水车薪。我开始思索社会上为什么会有那么多的狗狗被抛弃。我发现，造成狗流浪的原因虽然有很多，但最主要的是因为主人对狗狗缺乏了解，例如只是因为觉得边境牧羊犬接飞盘的样子很酷，就去养了边牧，根本不了解这种精力超级旺盛的狗狗会给主人带来的各种麻烦及主人需要付出的努力，等狗狗长大了，出现了问题才开始后悔；更多的则是由于主人不懂得如何教育狗狗，等狗狗出现随地大小便、不听召唤、搞破坏，甚至攻击行为等问题，成为“问题少年”时，主人就不得不将其弃养；还有的主人盲目地宠爱狗，既不舍得给狗狗做绝育手术，又不舍得给它系上牵引绳，结果就在春秋季节造成大量发情的狗狗走失，成为了流浪狗……

希望大家能逐渐意识到，养狗是一个慎重的决定，狗狗是我们的家庭成员，既然养了它，就要不离不弃。同时，也希望所有的宠物犬主人能理解，狗狗是需要主人教育的，爱它，就要懂它！如果主人能在狗狗进入家庭的时候就开始对它进行教育，那么绝大多数的行为问题都可以避免。

但愿这本书能让更多的狗狗有个温暖有爱的家，让主人和狗狗的生活都能变得更加美好！

附录：
参考及推荐书目

参考书目

1.《狗狗心事——它和你想得大不一样》

作者：（英）简·费奈尔　著，张鹤凌　译

出版社：京华出版社

出版时间：2010-2-1

2.《别跟狗争老大》

作者：（美）麦克康奈尔　著，白滨，杨睿　译

出版社：上海人民出版社

出版时间：2010-09-01

3. *The Culture Clash*

作者：（美）琼·唐纳森（Jean Donaldson）

出版社：James & Kenneth Pbulishers

出版时间：2005

4. *Fight*

作者：（美）琼·唐纳森

出版社：/

出版时间：2005

5. *Mine*

作者：（美）琼·唐纳森

出版社：/

出版时间：2005

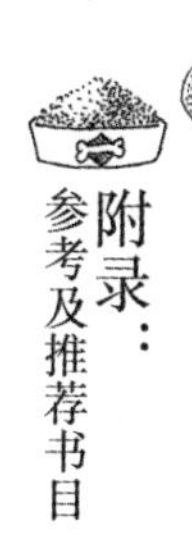

6. *Train Your Dog Like a Pro*

作者：（美）琼·唐纳森

出版社：Wiley Publishing, Inc.

出版时间：2010

7. *Excel-Erated Learning*

作者：（加）Pamela J.Reid

出版社：James & Kenneth Pbulishers

出版时间：1996

8. *After You Get Your Puppy*

作者：（美）邓巴博士（Dr.Ian Dunbar）

出版社：James & Kenneth Pbulishers

出版时间：2001

9. *How To Raise The Perfect Dog*

作者：（美）西泽·米兰（Cesar Millan）

出版社：Three Rivers Press New York

出版时间：2009

推荐书目

1. *The Culture Clash*

作者：（美）琼·唐纳森（Jean Donaldson）

出版社：James & Kenneth Pbulishers

出版时间：2005

这本1996年首次出版，2005年又再版的经典驯犬书籍，堪称现代驯犬的教科书。该书通过分析犬类和人类文化的差异，深入浅出地介绍了关于家犬各种常见行为发生的根源以及训练的方法。读完这本书，你会开始真正懂得你的爱犬，从而更好地跟它相处。

2. *Excel-Erated Learning*

作者：（加）Pamela J.Reid

出版社：James & Kenneth Pbulishers

出版时间：1996

这本书非常详细地介绍了犬的学习原理。正如作者Pamela Reid博士所介绍的，这是一本关于“为什么”的书。耐心读完这本书，你就可以运用书中所介绍的理论，自己创造驯犬的方法，从而达到一个自由驯犬的境界。